U0174928

计算机科学素养

办公自动化高级应用

主　编　张　萍

副主编　崔冬霞　高　轶

　　　　郭亚钢　杨霁琳

科学出版社

北　京

内 容 简 介

本书根据教育部制定的大学计算机科学素养基础课程教学的基本要求，结合目前大学非计算机专业学生的计算机实际水平与社会需求编写而成。通过对书中案例的学习，学生将具备解决实际问题的能力，满足社会的实际需要，为就业打下坚实的基础，成为办公达人。

全书分为 12 章，主要内容包括：第 1～4 章为 Word 编辑和实训，第 5～8 章为 Excel 处理和实训，第 9～12 章为 PowerPoint 设计和实训。本书内容由浅入深，由点到面，循序渐进，重点突出，图文并茂，配套素材文档和操作视频，方便教师教学和学生自学。

本书可作为普通本科院校非计算机专业学生的大学计算机科学素养基础教材，专科院校也可选其中的部分内容进行教学，也可作为计算机等级考试考生和社会在职人员的参考书。

图书在版编目（CIP）数据

办公自动化高级应用/张萍主编. —北京：科学出版社，2021.8
（计算机科学素养）
ISBN 978-7-03-069315-0

Ⅰ.①办⋯ Ⅱ.①张⋯ Ⅲ.①办公自动化-应用软件-高等学校-教材 Ⅳ.①TP317.1

中国版本图书馆 CIP 数据核字(2021)第 130766 号

责任编辑：张丽花 / 责任校对：王 瑞
责任印制：赵 博 / 封面设计：迷底书装

科 学 出 版 社 出版
北京东黄城根北街 16 号
邮政编码：100717
http://www.sciencep.com
北京富资园科技发展有限公司印刷
科学出版社发行 各地新华书店经销
*
2021 年 8 月第 一 版 开本：787×1092 1/16
2024 年 8 月第七次印刷 印张：15
字数：355 000
定价：49.80 元
（如有印装质量问题，我社负责调换）

前　言

本书根据最新的全国计算机等级考试一二级考试大纲和人们在学习和工作应用中所涉及的知识点与技能点，结合高等院校非计算机专业学生的计算机实际水平与社会需求等要求编写而成。本书秉承"以融合原理、实际应用和技巧的案例解读，由浅入深、由点到面、举一反三为目标"的理念，培养学生利用计算机解决实际问题的能力。

本书从实际应用出发，以融合了编者多年积累的教学经验和技巧的实战案例为主线，面向学习和工作，解决办公自动化应用中可能遇到的各类难题。本书通过二级考点的案例，讲解理论的主要知识，通过提问和教师点拨的方式拓展相关知识；书中的思维导图和具有启发性、实用性和趣味性的图文并茂的内容，使阅读更轻松；通过扫描二维码可查看解题思路视频和实战练习，帮助检验学习效果；通过基本操作和高端技巧的练习，读者可以成为办公达人，轻松胜任实际工作。

1. 本书特点

(1) 原理→案例→教师点拨，一次掌握 Office 应用精髓。

(2) 细致的操作录屏讲解，使学习变得轻松。

(3) 案例+配套素材+自测练习，陪伴式学习不孤单。

(4) 穿插的二级考点可为需要考取证书的读者助力。

2. 软件版本

本书以 Office 2019 的 Windows 版本为编写环境，如果读者正在使用其他版本或其他类似软件(如 WPS)也不用担心，因为软件界面差异不大，主要功能大致相同。

3. 命令描述

为了让读者快速找到命令的路径，简化操作步骤，本书使用"选项卡名"→"组名"→"命令名"的形式来描述功能区命令的操作。例如，设置字体加粗的表达方式：单击"开始"→"字体"→"加粗"。

4. 鼠标指令

本书描述鼠标的操作方式如下。

单击：按鼠标左键一次并松开。

右击：按鼠标右键一次并松开。

双击：快速按鼠标左键两次并松开。

拖动：移动鼠标时按住鼠标左键不放。

5. 素材和视频的获取方法

为了方便读者理解重点知识内容及其应用，本书配有案例素材和微课视频。素材和视频的内容可以作为纸质内容的拓展与补充。

素材的获取方法：打开网址 www.ecsponline.com，在页面最上方注册或通过 QQ、微信等方式快速登录，在页面搜索框输入书名，找到图书后进入图书详情页，在"资源下载"栏目中下载。

视频的获取方法：扫描书中的二维码即可观看视频内容。

本书第1～4章由张萍编写，第5、7、8章由崔冬霞编写，第6章由杨霁琳编写，第9、10章由高轶编写，第11、12章由郭亚钢编写。最后由四川师范大学张萍统稿、审阅。本书通过详解综合案例的实战操作，以逻辑思维为主线，介绍科学的操作流程、高级技巧及自动化操作等内容，由简到繁地让读者用好软件，厘清思路，早日成为办公软件应用高手。

本书的出版得到了四川师范大学计算机科学学院袁丁教授和郭涛教授及学院从事大学计算机教学的教师们的大力支持，在此一并表示真诚的感谢！

由于编者水平有限，书中难免存在不足与疏漏之处，为了便于今后的修订，恳请广大读者提出宝贵的建议。

编　者

2021年6月

目　录

第1章

文档处理软件的编辑与排版

　　在学习和办公应用中，办公自动化套件 Office 中的 Word 是一款功能强大、使用频率很高的文档处理软件，具有文字、图形、图像、表格、排版等处理功能，提供了非常友好的用户界面，可以大大提高办公效率。本章以奖状制作的应用案例为主线，内容由浅入深，由点到面，逐步学习文档处理软件编辑与排版的基础知识、基本原理和基本操作等基本功。图 1-1 是奖状制作案例的思维导图，供读者学习时参考。制作的奖状样文如图 1-2 所示。

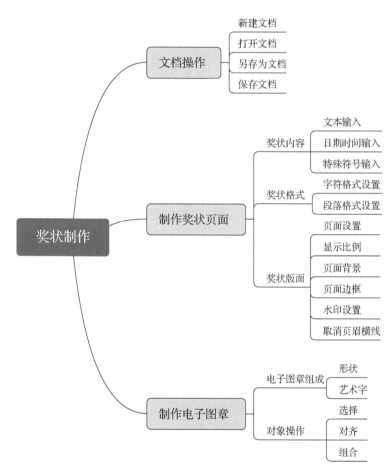

图 1-1　奖状制作的思维导图

图 1-2　奖状样文

1.1　Word 工作界面及基础操作

1.1.1　Word 工作界面的组成

新建或打开 Word 文档后，其工作界面如图 1-3 所示。

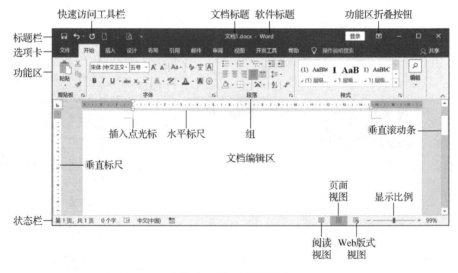

图 1-3　Word 工作界面

二级考点：Office 应用界面使用

1. 标题栏

标题栏的左侧显示快速访问工具栏，通常可以快速执行保存、撤销、恢复和新建空白文档等命令。如果需要显示或隐藏其他命令，可单击快速访问工具栏右侧的▼进行自定义。

标题栏的中间显示的是文档标题和软件标题。

标题栏的右侧分别是功能区折叠按钮，以及"最小化"▬、"最大化"▢/"还原"

□和"关闭" ⊠按钮。

教师点拨：功能区折叠按钮可以自动隐藏功能区，只显示选项卡或显示选项卡和功能区。Word 文档窗口最大化时显示"还原" □按钮，非最大化时显示"最大化" □按钮，这两个按钮可以切换，但不会同时出现在 Word 文档窗口中。

2. 选项卡

选项卡分为标准选项卡、上下文选项卡两种。Word 文档默认显示的是标准选项卡。

标准选项卡有文件、开始、插入、设计、布局、引用、邮件、审阅和视图，可以通过设置来增加选项卡，如单击"文件"→"选项"→"自定义功能区"，选中"开发工具"来显示出"开发工具"选项卡。"文件"选项卡中的命令是与文件相关的操作。除了文件以外的选项卡，一般根据功能将选项卡下的功能区分组，组内是与功能相关的各种按钮，有些组的右下角还有对话框启动按钮，包含了组的更多功能。

只有选择了对象，才会出现"上下文"选项卡。使用"上下文"选项卡能够在页面上对选择对象进行格式设置。选择对象后，相关的"上下文"选项卡会以强调文字颜色出现在标准选项卡的最右边，上下文工具的名称以突出颜色显示，"上下文"选项卡提供用于处理所选对象的功能设置。Word 的"上下文"选项卡如表 1-1 所示。

表 1-1　Word 的"上下文"选项卡

插入对象	工具名称	"上下文"选项卡
图片	图片工具	格式
形状、艺术字、文本框	绘图工具	格式
表格	表格工具	设计、布局
页眉页脚	页眉页脚工具	设计
SmartArt 图形	SmartArt 工具	设计、格式
图表	图表工具	设计、格式

文档的基本操作都在"文件"选项卡中，包括新建、打开、信息、保存、另存为、导出为 PDF、打印、共享、导出、关闭、选项等与文件相关的操作。与 Word 相关的设置都通过"文件"→"选项"进行。

3. 水平与垂直标尺

Word 中的水平和垂直标尺常用于对齐文档中的文本、图形、表格和其他元素。若要查看位于 Word 文档顶部的水平标尺和位于文档左边缘的垂直标尺，必须使用页面视图功能。

显示或隐藏水平和垂直标尺的方法是：通过"视图"→"标尺"的选中或取消来打开或关闭标尺。

4. 文档编辑区

文档编辑区用于显示和编辑文档，编辑区中通常有一个不断闪烁的竖线"｜"，称为插入点，插入点的位置一般通过输入数据、空格键、Tab 键或双击空白处来移动。

5. 状态栏

状态栏用于显示系统当前的一些状态信息，包括插入点所在页面和当前文档的总页数、字数统计、视图切换、显示比例等。

1.1.2　Word 的基础操作

二级考点：Word 的基本功能，文档的创建、编辑和保存等基本操作

1. 新建文档

新建 Word 文档的主要方法如下。

方法 1：单击"开始"→"所有程序"→"Word"，单击需要创建文档的类型，如空白文档。

方法 2：打开 Word 软件，单击"文件"→"新建"，单击某类型，如空白文档，即可创建文档。

教师点拨：在 Word 中，可以新建的文档类型有空白文档、书法字帖、简历、日历、求职信等，以及联机搜索模板创建基于模板的文档。

2. 打开文档

打开 Word 文档的主要方法如下。

方法 1：找到文件，双击文档打开。

方法 2：在 Word 中单击"文件"→"打开"，找到文档所在的位置，单击文档打开。

方法 3：在 Word 中按 Ctrl+O 快捷键，找到文档所在的位置，单击文档打开。

教师点拨：其他软件（如 WPS）的新建文档和打开文档的方法与 Word 软件相同。

实训要求：打开"实训 1-文字素材"文档，另存为"实训 1-奖状 1"。

实训 1-1

问题 1. 如果用户同时安装了多个文档编辑软件，如 Word、WPS，双击文档打开的不是用户想要使用的软件，怎么办？

教师点拨：选择文档并右击，在快捷菜单中选择"打开方式"命令，单击相应的软件，如 Word，如图 1-4 所示。

问题 2. 如何设置双击文档后默认打开的文档编辑软件？

教师点拨：选择文档并右击，在弹出的快捷菜单中选择"打开方式"→"选择其他应用"→"Word"命令，并选中"始终使用此应用打开.docx 文件"复选框，如图 1-5 所示。

3. 保存文档

保存文档时，可以将它保存到硬盘的文件夹、桌面、U 盘等位置，需要在"保存位置"列表中进行选择。

1）保存

保存文件的方法如下。

方法 1：单击"文件"→"保存"。

方法 2：单击标题栏左侧快速访问工具栏中的"保存"按钮。

方法 3：按 Ctrl+S 快捷键保存文档。

教师点拨：仅在第一次保存时，出现"另存为"对话框，其他时候不再出现对话框，直接原名、原位置保存文档。

2）另存为

文档在需要改名或改变保存位置，以及更改文件类型时使用"另存为"命令。

方法指导：单击"文件"→"另存为"，在"另存为"对话框中选择位置，设置文件

名及保存类型后，单击"保存"按钮，如图 1-6 所示。在 Word 中可将文档保存为 doc 文件、文本文件、PDF 格式文件等。

图 1-4　在"打开方式"中打开相应的软件

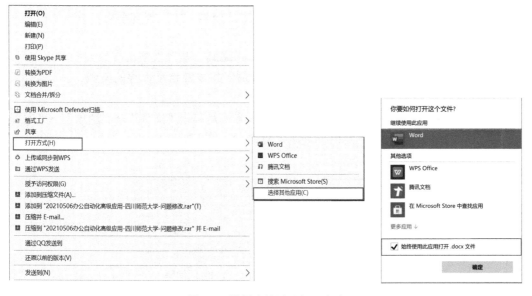

图 1-5　设置文档默认打开方式

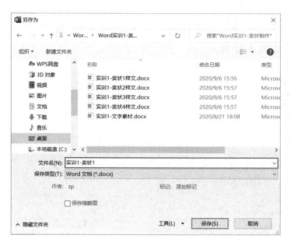

图1-6　"另存为"对话框

问题3. "保存"和"另存为"命令的区别是什么？

教师点拨：若更改文件的名称、保存位置或保存类型，则使用"文件"→"另存为"命令。若原名、原位置保存文件，则使用"文件"→"保存"命令或单击文档左上角的"保存"按钮。例如，文档另存为PDF文档的方法是，单击"文件"→"另存为"→"保存类型"→"PDF"。

问题4. 文档类型doc和docx的区别是什么？怎么互相转换？

教师点拨：doc和docx的区别是，docx是一种新的压缩文件格式，更加节约存储空间，文档也更加安全。一般Word 2007以下版本是打不开docx文件的。

Word高版本转低版本的方法：另存为doc文档，向下兼容。

Word低版本转高版本的方法：单击"文件"→"信息"→"兼容模式"，升级文档格式。

3) 设置自动保存文档

Word中默认每10分钟自动保存一次文档，当遇到一些突发情况导致文档非正常退出而用户又没有及时保存文档时，再次启动Word后，将恢复自动保存的文档。

二级考点：Office应用界面的功能设置

用户可以自定义自动保存文档的时间间隔，方法是单击"文件"→"选项"→"保存"命令，选中"保存自动恢复信息时间间隔"复选框，输入或选择用于自动保存文档的时间间隔，如图1-7所示。

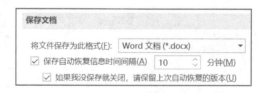

图1-7　自定义自动保存文档的时间间隔

问题5. 某学生在计算机上辛苦做的作业还没再次保存，计算机突然死机了，怎么办？

方法指导：单击"文件"→"选项"→"保存"，浏览自动恢复文件位置即可找回文件。

教师点拨：利用Word自动保存功能，在文件里找回来。

1.2　文档的编辑与排版

Word 编辑与排版功能非常丰富，主要包括设置字符格式、段落格式、样式与模板等。其最大特点是"所见即所得"，即排版效果能在页面视图中即时看见。

1.2.1　文档内容的输入

在文档中输入内容时，一段只按一次 Enter 键即可分段，删除段落标记可以合并段落。

1. 使用键盘输入内容

使用键盘快速输入文本的思维导图如图 1-8 所示。按 Caps Lock 键可以使 Caps Lock 键指示灯在亮与熄灭之间切换，从而输入不同语种的字符。

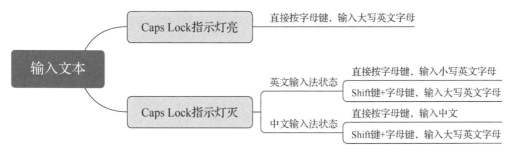

图 1-8　快速输入文本的思维导图

问题 6. 如果新建一个文档后需要在第 *n* 行的中间直接输入内容，怎么操作？

方法指导：在文档的第 *n* 行的中间位置双击后输入文本。

教师点拨：这是 Word 的"即点即输"功能。如果不能使用"即点即输"功能，可单击"文件"→"选项"→"高级"→"启用'即点即输'"选项进行设置，如图 1-9 所示。

问题 7. 快速输入大段文本以便练习，如输入 3 段，每段 5 句话。如何输入？

方法指导：=rand(3,5)。

教师点拨：

(1) 必须在英文标点状态下输入内容，也就是说其中的"=(,)"必须使用英文符号。

(2) 函数 rand(x,y) 的功能是用于快速产生 Word 功能测试用的语句和段落。函数中的 x 表示系统自动产生内容的段落数，y 表示产生的每个段落中的语句数。rand() 默认等于 rand(4,3)。注意函数中必须使用英文标点。

2. 输入日期和时间

实训要求：插入日期或将文档内容中的两个日期更改为能自动更新的相同格式的日期。

方法指导：

方法 1：直接输入日期。

实训 1-2

方法 2：单击"插入"→"文本"→"日期和时间"，在对话框中进行设置，如图 1-10 所示。

教师点拨：此方法仅插入当前日期。可以选择日期格式是中文还是英文，是否自动更新。

图 1-9   "即点即输"功能的设置

图 1-10   "日期和时间"对话框

3. 输入特殊符号

二级考点：符号的输入与编辑

实训要求：输入特殊符号，如中文日期"二○二一年四月二十八日"中的"○"。

方法指导：

方法 1：通过输入法（如搜狗拼音）输入拼音后翻页选择输入"○"，如图 1-11 所示。

方法 2：右击输入法的软键盘，单击"中文数字"，在软键盘中单击"○"，如图 1-12 所示。

图 1-11　搜狗输入法输入 "○"　　　　图 1-12　输入法的软键盘输入

方法 3：单击 "插入" → "符号" → "符号" → "其他符号" → "符号"，单击 "○"，如图 1-13 所示。

教师点拨：

（1）单击 "插入" → "符号" → "符号" → "其他符号" → "符号"，选择 Webdings 或 Wingdings 2 等字体，可插入如图 1-13 所示的 "🌐" "📖" 等特殊符号。

（2）单击 "插入" → "符号" → "符号" → "其他符号" → "特殊字符"，可插入版权符号、注册符号、商标符号等如图 1-14 所示的特殊字符。

图 1-13　"符号" 对话框—"符号"　　　　图 1-14　"符号" 对话框—"特殊字符"

1.2.2　页面设置

文档的页面设置就是设置页面的页边距、纸张方向、纸张大小，以及页眉、页脚距边界的位置等。页边距是页面四周的留白，页眉、页脚距边界的位置则是页眉文字上方和页脚文字下方的空白区域。页面设置中的各组成部分的分布图如图 1-15 所示。

页面设置的方法：调整页边距、纸张大小。

方法 1：单击 "布局" → "页面设置" 上的相应按钮进行设置。

方法 2：单击 "布局" → "页面设置" → "⌐" ，在 "页面设置" 对话框中设置。

实训要求： 将页面设置为横向，纸张大小为 A4。

方法指导：

方法 1：单击 "布局" → "页面设置" → "纸张方向"，选择 "横向"。再单击 "布局" → "页面设置" → "纸张大小"，选择 "A4"。

方法 2：单击 "布局" → "页面设置" → "⌐" ，在 "页面设置" 对话框中的 "页边距" 选项卡中设置纸张方向为 "横向"，如图 1-16 所示，在 "纸张" 选项卡中设置纸张大小为 "A4"。

实训 1-3

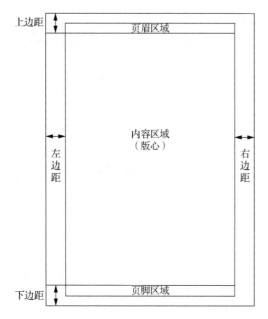

图 1-15　页面设置中的各组成部分的分布图　　　　图 1-16　"页面设置"对话框

1.2.3　文档内容的编辑

文档内容的编辑包括对象的选择方法，复制、移动、删除对象的方法，插入和改写状态的转换，文档内容的自动更正等。

1. 选择对象的方法

Windows 系统中的对象都是先选择，再操作。安装在 Windows 系统中的 Office 软件也要先选择对象，再操作。最常用的是使用鼠标进行选择，也可以通过键盘来选择。

Word 中选择对象的方法的思维导图如图 1-17 所示。具体方法如表 1-2 所示。

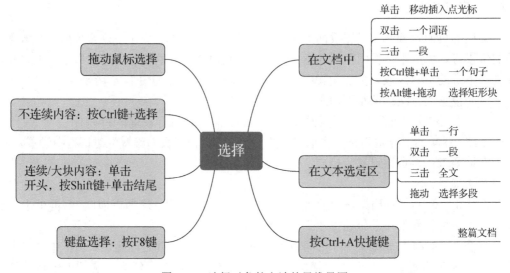

图 1-17　选择对象的方法的思维导图

表 1-2　选择对象的方法

选择	操作方法
任意文本	在要开始选择的位置单击，按住鼠标左键，然后在要选择的文本上拖动鼠标
一个词	在单词中的任何位置双击或拖动鼠标
一行文本	将指针移到行的左侧即文本选定区，在指针变为右向箭头后单击
一个句子	按下 Ctrl 键，然后在句中的任意位置单击
一个段落	将指针移到行的左侧即文本选定区双击，或者在段落中的任意位置连击三次
多个段落	将指针移动到第一段的左侧，在指针变为右向箭头后，按住鼠标左键，同时向上或向下拖动鼠标
较大的文本块	单击要选择的内容的起始处，滚动到要选择的内容的结尾处，然后按 Shift 键，同时在要结束选择的位置单击
整篇文档	将指针移动到任意文本的左侧，在指针变为右向箭头后连击三次，快捷方式为 Ctrl+A 快捷键
矩形文本块	按住 Alt 键，同时在文本上拖动鼠标
文本框或图文框	在图文框或文本框的边框上移动指针，在指针变为四向箭头后单击

选择格式类似文本的方法如下。

方法 1：单击"开始"→"编辑"→"选择"，在菜单中选择"选择格式相似的文本"，如图 1-18 所示。

方法 2：通过"样式"窗格选择相同样式的内容。

2. 复制对象的方法

复制对象的常用方法如下。

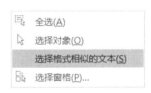

图 1-18　选择格式相似的文本

方法 1：选择对象，按住 Ctrl 键+拖动。

方法 2：选择对象，按 Ctrl+C 快捷键复制，在目的位置按 Ctrl+V 快捷键粘贴。

方法 3：选择对象，单击"开始"→"剪贴板"→"复制"，在目的位置单击"开始"→"剪贴板"→"粘贴"。

方法 4：选择对象并右击，在弹出的快捷菜单中选择"复制"命令；在目的位置右击，在快捷菜单中选择"粘贴"命令。

教师点拨：上面的几种复制和粘贴方法，除了方法 1 外，其他 3 种方法的复制和粘贴命令都可以交叉使用。

复制文本时，不仅复制了文字，还复制了格式。执行"粘贴"命令时，可以在粘贴选项中选择以下选项之一，如图 1-19 所示。

(1) 保留源格式(即原原本本地照搬文字和格式)。

(2) 合并格式(照搬文字，并且格式与当前匹配)。

(3) 粘贴为图片(将复制的内容转换为图片)。

(4) 只保留文字(只复制文字，放弃原有格式)。

默认情况下是"保留源格式"粘贴。如果希望仅粘贴文本，选择"只保留文字"选项。

图 1-19　粘贴选项

问题 8. 怎么复制活动窗口或整个屏幕？

教师点拨：

(1) 复制活动/当前窗口，按 Alt+PrintScreen 快捷键，粘贴后显示内容。

（2）复制整个屏幕，按 PrintScreen 键，粘贴后显示内容。注意，有些键盘上的 PrintScreen 键也表示为 PrtScr 键。

3. 移动对象的方法

移动对象的常用方法如下。

方法 1：选择对象，直接拖动。

方法 2：选择对象，单击"开始"→"剪贴板"→"剪切"，在目的位置单击"开始"→"剪贴板"→"粘贴"。

方法 3：选择对象，按 Ctrl+X 快捷键剪切，在目的位置按 Ctrl+V 快捷键粘贴。

方法 4：选择对象并右击，在弹出的快捷菜单中选择"剪切"命令；在目的位置右击，在弹出的快捷菜单中选择"粘贴"命令。

教师点拨：上面的几种剪切、粘贴方法，除了方法 1 以外，其他 3 种方法都可以交叉使用。

4. 剪贴板的妙用

剪贴板是内存中的一块区域，用于暂时存放剪切或复制的内容。剪切或复制的内容都保存在剪贴板中，粘贴的内容是从剪贴板中取出的。

剪贴板允许从 Office 文档或其他程序复制多个文本和图形项目，并将其粘贴到另一个 Office 文档中，最多可接受 24 个复制的内容。

使用剪贴板窗格，用户能够一次对多个对象进行复制粘贴操作。

打开"剪贴板"窗格的方法是：单击"开始"→"剪贴板"→"◹"按钮。

5. 删除对象的方法

删除对象的常用方法如下。

方法 1：将光标定位在文档中，按 Backspace 键删除光标前的内容。

方法 2：将光标定位在文档中，按 Delete 键删除光标后的内容。

6. 插入和改写状态的转换

输入文本后，若后面的文本消失，这时需要按 Insert 键进行插入和改写状态的转换。当 Insert 键处于改写状态时，输入文本会自动覆盖后面的文本。按 Insert 键可以将改写状态转换为插入状态，在插入状态下，输入的文本不会消失，而是插入到光标处。

7. 文档内容的自动更正

输入"hte"后，Word 会自动改为正确的"The"，这是 Word 的自动更正功能。

自动更正主要是在英文排版时自动检测并更正错误的键入、误拼的单词，语法错误。但在中文排版时，自动更正功能不是很准确。

单击"文件"→"选项"→"校对"→"自动更正选项"，在"自动更正"对话框中设置，如图 1-20 所示。

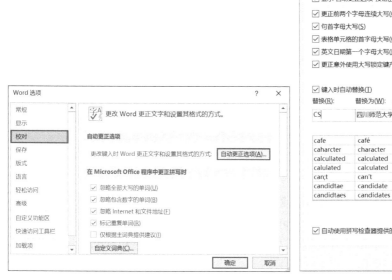

图 1-20　自动更正的设置

1.2.4　文档内容的排版

文档内容的排版是文档处理的主要任务之一，漂亮美观的版式会让人赏心悦目。Word排版功能非常丰富，其最大特点是"所见即所得"，即在页面视图中看见的排版效果与打印效果相同。文档内容的排版主要包括设置字符格式、段落格式、样式与模板等。

二级考点：设置字符格式和段落格式

1. 设置字符格式

字符格式包括字体、字号、增大字体、缩小字体、更改大小写、清除格式、拼音指南、字符边框、加粗、倾斜、下划线、删除线、下标、上标、文本效果和版式、以不同颜色突出显示文本、字体颜色、字符底纹、带圈字符。

一般在"开始"→"字体"选项卡中设置字符格式。在打开的"字体"对话框中，除了可以设置上述格式以外，还可设置更多的格式，如着重号、阴文、阳文和隐藏等效果，设置中英文不同的字体，以及字符的缩放、间距和位置。常用字体的应用如表 1-3 所示。

表 1-3　常用字体的应用

字体	应用
宋体	多用于标题和正文，是严肃、正式场合文档使用频率较高的字体样式，商用场合使用较少
黑体	常用于标题、重点导语、标志等，不适合排版正文
仿宋	多用于前言、注释及说明，常用于封面包装及报刊等
楷体	多用于小学课本、杂志或书籍的前言，通常不用于主标题
其他，如隶书等	多应用于商业场合，如广告等，灵活多变，根据不同的场景选择合适的字体

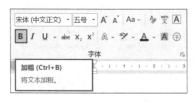

图 1-21　功能区按钮的提示文本

教师点拨：将指针在某个按钮上停留几秒，按钮上将会出现它的提示文本，通过提示文本可以了解它的功能和快捷键。如将指针在 **B** 按钮上停留几秒，将出现提示信息：按钮名称"加粗"，快捷键为 Ctrl+B 键，功能是将文本加粗，如图 1-21 所示。

实训要求：设置字符格式，标题为华文行楷 72 磅，金色(RGB:255,215,0)；"一等奖" 3 个字为隶书 48 磅；其余为宋体二号；全文文本加粗。

实训 1-4

方法指导：

方法 1：选择对象，单击"开始"→"字体"，直接单击相应按钮设置字体、字号和字体颜色、加粗，如图 1-22 所示。

教师点拨：

(1)先选择对象，再设置。

(2)字体和字号可以选择，也可以在文本框中直接输入。

(3)颜色可以直接选择标准颜色，也可以自定义特殊颜色。

方法 2：选择对象，单击"开始"→"字体"→"对话框启动器" ，在"字体"对话框中设置，如图 1-23 所示。

图 1-22　字符格式的设置

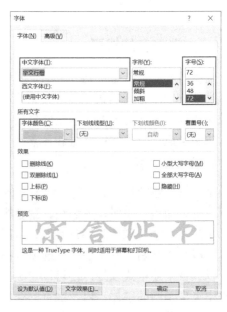

图 1-23　"字体"对话框

方法 3：选择对象并右击，在弹出的快捷菜单中选择"字体"命令，然后在"字体"对话框中设置。

方法 4：选择文本对象，在浮动工具栏上设置。

什么是浮动工具栏？选择文本时，右上方隐约看见半透明、微型的工具栏，那就是浮动工具栏，如图 1-24 所示。单击浮动工具栏上的按钮可以执行相应的功能。

图 1-24　浮动工具栏

2. 设置段落格式

段落是指以段落标记↵作为结束的一段文字。段落标记是在文字输入过程中按 Enter 键产生的。若要隐藏段落标记符号↵，单击"文件"→"选项"→"显示"，在"始终在屏幕上显示这些格式标记"列表中，取消选中"段落标记"复选框即可。或者单击"开始"→"段落"→"↵"命令。

段落格式一般在"开始"→"段落"中设置。"段落格式"功能的应用范围是段落，它包括项目符号、编号、多级列表、段落缩进、对齐方式、行距、段间距、中文版式等。还可以在"布局"→"段落"中设置缩进和间距。

实训要求：设置段落格式，全文 1.5 倍行距。正文首行缩进 2 字符；文本对齐方式为标题居中，第 2 行左对齐，正文两端对齐，"奖项" 2 个字居中，最后两行右对齐。"一等奖" 3 个字单独显示一行并居中，取消首行缩进 2 字符。段落间距设置，第 2 行设段后为一行，最后一行设段前为一行。

实训 1-5

方法指导：

方法 1：选择对象或将光标定位到相应的段落中，单击"开始"→"段落"→"≡ ≡ ≡ ▤ ▥"设置行距、对齐方式等。

方法 2：选择对象或将光标定位到相应的段落中，单击"开始"→"段落"→"对话框启动器"⌐ 命令，在"段落"对话框中设置对齐方式、行距，特别是首行缩进，如图 1-25 所示。设置段前、段后的间距如图 1-26 所示。

图 1-25   设置首行缩进

图 1-26   设置段前和段后的间距

教师点拨：在哪里进行设置的，就在哪里取消设置。例如，设置和取消首行缩进都是在"段落"对话框中。

方法 3：选择对象或将光标定位到相应的段落中，右击，在弹出的快捷菜单中选择"段落"命令，在"段落"对话框中设置。

方法 4：选择对象或将光标定位到相应的段落中，单击"布局"→"段落"，设置段前、段后间距，如图 1-27 所示。

教师点拨："布局"选项卡的"段落"组中只能设置左右缩进和段前、段后间距。

图 1-27　"布局"选项卡中间距的设置

3. 格式的复制与清除

格式的复制可以使用格式刷来进行。

格式刷 ✎ 主要用来复制文本或图形的格式，在文档编辑过程中非常有用，利用它可以减少重复工作。单击"开始"，在"剪贴板"选项卡中双击"格式刷"按钮，可以应用多次；而单击"格式刷"按钮则只能应用一次。要停止"格式刷"功能，单击"开始"→"剪贴板"→"格式刷"按钮或按 Esc 键即可。

格式刷的使用步骤如下。

(1) 选择对象。如果要复制文本格式，则选择文本部分。如果要复制文本和段落格式，则选择包括段落标记的整个段落或将光标定位于段落中。如果要复制图形格式，选择图形。

(2) 单击"开始"→"剪贴板"→"格式刷"，指针变为笔刷图标。如果想多次使用"格式刷"更改文档中的多个内容的格式，则双击"格式刷"工具。

(3) 刷新要设置格式的文本或图形。

(4) 要停止设置格式，单击"开始"→"剪贴板"→"格式刷"工具或按 Esc 键。

格式的清除：若要清除文本的所有格式，选择文本后，单击"开始"→"字体"→"清除所有格式"按钮。

教师点拨：格式刷确实很方便，对于一些内容较少的文档，可以快速复制"格式"，但是当面对几十页的长文档时，如果还用"格式刷"去刷格式，就会相对麻烦。那时就应该借助 Word 的样式。

1.2.5　设置显示比例

用户通过调整显示比例，可放大文档来更仔细地查看文档，而缩小文档则可查看页面的整体效果或更多内容。调整显示比例的方法如下。

方法 1：选择"视图"→"缩放"选项卡，视图的缩放方式有单页显示、多页显示、页宽显示、100%显示。或者单击"缩放"按钮后在"缩放"对话框中设置显示比例的值，如图 1-28 所示。

方法 2：直接左右拖动 Word 状态栏的显示比例按钮调整显示比例的值。单击状态栏上右侧的"显示比例"工具中 的"−"按钮可缩小显示比例，单击"+"按钮可增大显示比例；或在显示比例条中间的任意位置单击或拖动滑块都可以快速调整显示比例。

方法 3：按住 Ctrl 键，将鼠标滚轮向后滚动，页面变小；向前滚动，页面变大。

实训要求：设置文档为单页显示内容。

方法指导：

方法 1：单击"视图"→"缩放"→"单页"，如图 1-29 所示。

图 1-28　"缩放"对话框

实训 1-6

图 1-29　单页的设置

方法 2：拖动 Word 状态栏的显示比例按钮至刚好一页内显示的比例，如图 1-30 所示。

图 1-30　状态栏的显示比例

1.2.6　设置页面颜色

页面背景或页面颜色主要用在 Web 浏览器中，为联机查看创建更有趣味性的背景，也可以在 Web 版式视图和大多数其他视图中显示背景，大纲视图除外。

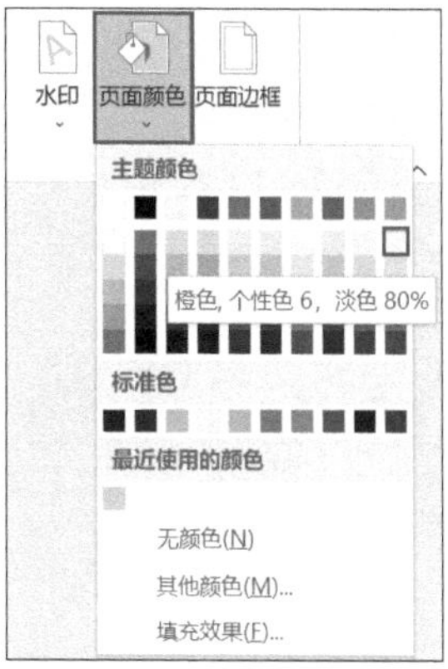

用户可以为页面背景应用页面颜色，或渐变、纹理、图案和图片填充效果。它们将进行平铺或重复以填充页面。

实训要求：设置页面背景。主题颜色中的"橙色，个性色 6，淡色 80%"。

方法 1：单击"设计"→"页面背景"→"页面颜色"，选择相应的颜色，如图 1-31 所示。

方法 2：单击"设计"→"页面背景"→"页面颜色"→"填充效果"，打开"填充效果"对话框可以选择渐变、纹理、图案和图片等参数进行背景设置，如图 1-32 所示。

实训 1-7

图 1-31　页面背景的设置

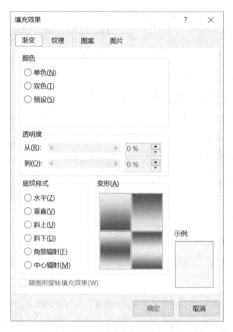

图 1-32　"填充效果"对话框

1.2.7　设置页面边框

　　页面边框可以加强页面效果，使其更具有吸引力。页面边框可以是线型边框或艺术型边框。

实训 1-8

　　实训要求：设置页面的艺术边框。其颜色为"橙色，个性色，淡色 60%"。

　　单击"设计"→"页面背景"→"页面边框"，然后在"边框和底纹"对话框中进行设置，如图 1-33 所示。

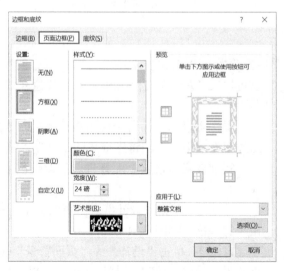

图 1-33　页面边框的设置

　　问题 9. 在"边框和底纹"对话框中除了可以设置页面边框以外，还有什么功能？

教师点拨：在"边框和底纹"对话框中除了可以进行页面边框的设置以外，还可以在"边框"选项卡中设置文字边框或段落边框，如图 1-34 所示；在"底纹"选项卡中设置文字底纹或段落底纹，如图 1-35 所示。

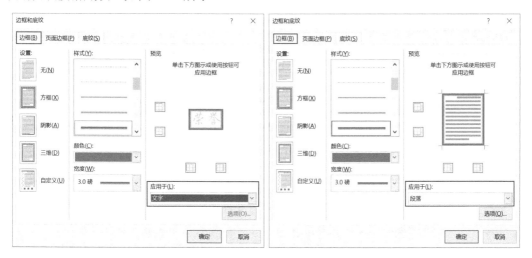

图 1-34　文字边框或段落边框的设置

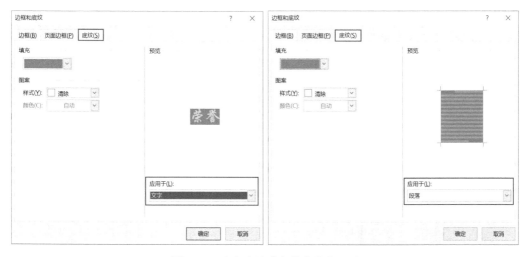

图 1-35　文字底纹或段落底纹的设置

1.2.8　设置水印

水印是出现在文档文本底下的文字或图片，只能在页面视图和阅读视图或在打印的页面中显示。水印分为文字水印和图片水印两种。文字水印可以选择预先设计好的水印，也可以自行输入水印文字。图片水印一般选择"冲蚀"模式，以免影响文档文本效果。

1. 添加水印的方法

实训要求：设置页面的文字水印。水印文字为"办公自动化技能竞赛"，设置其为隶书，40 磅，红色，斜式，半透明。

方法：单击"设计"→"页面背景"→"水印"→"自定义水印"，然后在"水印"

实训 1-9

图 1-36　自定义水印的设置

对话框中进行设置，如图 1-36 所示。

2. 删除水印的方法

（1）单击"设计"→"页面背景"→"水印"→"删除水印"。

（2）单击"设计"→"页面背景"→"水印"→"自定义水印"，在对话框中选择"无水印"。

问题 10. 文字水印如何复制。

教师点拨：水印是页眉页脚中的内容。所以要复制水印，需要先进入页眉页脚状态，然后使用常规的复制粘贴方法复制水印。

（1）进入页眉页脚的方法如下。

方法 1：在页眉/页脚处双击。

方法 2：单击"插入"→"页眉和页脚"→"页眉"→"编辑页眉"。

方法 3：单击"插入"→"页眉和页脚"→"页脚"→"编辑页脚"。

（2）取消页眉上的横线。

实训 1-10

实训要求：删除页眉上的横线。

方法 1：进入页眉页脚状态，选择页眉上的段落标记，如图 1-37 所示。单击"开始"→"段落"→"边框"→"无框线"。

方法 2：进入页眉页脚状态，选择页眉上的段落标记，单击"开始"→"段落"→"边框"→"边框和底纹"，在"边框和底纹"对话框中的"边框"选项卡设置边框为"无"，如图 1-38 所示。

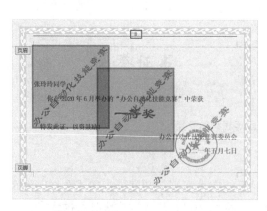

图 1-37　选择页眉上的段落标记

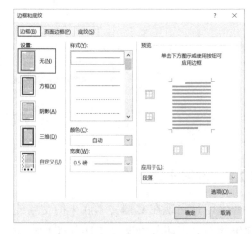

图 1-38　"边框和底纹"对话框中无框线的设置

注意，取消页眉上的横线后一定记得退出页眉页脚状态，再继续下一步。

问题 11. 如何退出页眉页脚状态。

教师点拨：

（1）双击正文。

（2）单击页眉页脚工具右侧的"设计"→"关闭"→"关闭页眉和页脚"。

1.3　插入形状和艺术字

在 Word 文档中可插入一个形状或者组合多个形状，包括线条、基本几何形状、箭头、流程图、星、旗帜和标注等。

艺术字可为文档添加特殊艺术效果，艺术字被当作文本框来处理。Word 中具有一些特殊的艺术字样式的文本效果，如阴影、映像、发光、棱台、三维旋转和转换等。使用艺术字的转换功能可以拉伸标题、对文本进行变形。用户可以随时修改艺术字或将其添加到现有艺术字对象的文本中。也可以将文档另存为兼容的 Word 2003 版的 doc 文档，即可使用以前 Word 2003 或 2007 中的艺术字的样式及功能。

二级考点：文档中图形对象的编辑和处理

1.3.1　插入形状

Word 提供了多种自选形状，用户可以根据需要绘制线条、基本几何形状、箭头、流程图、星、旗帜和标注等形状，还可设置形状的填充、轮廓及形状效果。

实训要求：绘制电子图章。外边框为圆，大小为 5 厘米×5 厘米。形状填充为无填充，形状轮廓为红色，粗细为 3 磅。绘制一个五角星，形状填充和形状轮廓颜色都为红色，大小为 1 厘米×1 厘米。

方法指导：

（1）绘制形状。单击"插入"→"插图"→"形状"，可以选择线条、矩形、基本形状、箭头总汇、公式形状、流程图、星与旗帜和标注中的形状，如图 1-39 所示。这里选择"基本形状"或"最近使用的形状"中的椭圆或"星与旗帜"中的五角星。选择后，指针变成黑色的"十"字形，直接拖动鼠标，画出形状；如果按 Shift 键拖动鼠标，则可画出正的形状。

教师点拨：在 Office 或者 Photoshop 软件中，画正的形状都是按 Shift 键拖动鼠标。

（2）设置形状格式。选择形状，会多一个绘图工具"格式"选项卡。在"格式"选项卡中可以进行形状样式、排列和大小等设置，如图 1-40 所示。

实训 1-11

图 1-39　插入形状

图 1-40　"格式"选项卡中形状的设置按钮

在"形状样式"中可以设置形状填充(颜色、图片、渐变和纹理),形状轮廓(颜色、粗细和形状轮廓样式),形状效果(阴影、映像、发光、柔化边缘、棱台和三维旋转),如图 1-41 所示。

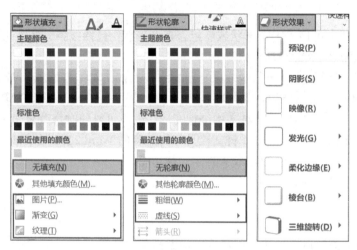

图 1-41　"格式"选项卡的 3 种形状样式

(3)在形状上添加文本。右击形状,在弹出的快捷菜单中单击"添加文字"命令,即可添加文本。

1.3.2　插入艺术字

艺术字可为文档添加特殊艺术效果,使用艺术字可以拉伸标题、对文本进行变形、使文本适应预设形状或应用渐变填充,以此添加文字效果或进行强调。

1. 插入艺术字

单击"插入"→"文本"→"艺术字",选择其中任何一种预设艺术字样式,输入文字。

2. 设置艺术字格式

选择艺术字,在"格式"选项卡中进行艺术字样式、排列和大小设置。其中艺术字样式包括文本填充、文本轮廓和文字效果的设置。排列包括艺术字的环绕文字方式、对齐和旋转等设置。

实训 1-12

实训要求:电子图章的文字是艺术字,文字为"办公自动化技能竞赛委员会",文本填充和文本轮廓颜色都为红色,大小为 5 厘米×5 厘米,文字效果为"转换"中的跟随路径的第 1 种。将印章文字复制一份,修改文字为 15 位数字的印章编号,文字效果为"转换"中的跟随路径的第 2 种。

方法指导:

(1)单击"插入"→"文本"→"艺术字",选择其中任何一种预设艺术字样式,输入文字。这里选择第 1 种艺术字样式,如图 1-42 所示。

图 1-42　插入艺术字

(2)选择艺术字,在"格式"选项卡中可以进行艺术字样式、排列和大小设置,如图 1-43 所示。艺术字样式中文字效果如图 1-44 所示。选择艺术字,在"开始"选项卡中可以更改字体、字号等。

图 1-43　　"格式"选项卡中艺术字的设置按钮

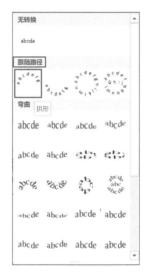

图 1-44　文字效果中的转换效果

1.3.3　形状与艺术字的组合

实训要求：使用选择窗格，将各个图形对象组合起来成为一个完整的电子图章。将电子图章移动到合适的位置。

实训 1-13

1. 形状与艺术字的选择

形状与艺术字在进行格式设置之前必须先选择，选择的方法如下。

（1）单击艺术字的边框。

（2）单击"开始"→"编辑"→"选择"→"选择窗格"，如图 1-45 所示。

（3）单击"格式"→"排列"→"选择窗格"，如图 1-46 所示。

图 1-45　　"开始"选项卡的"选择"命令

图 1-46　　"格式"选项卡中的"选择窗格"按钮

在"选择窗格"中，单击对象名称，可选择一个对象；按住 Ctrl 键单击对象名，可选择多个对象，如图 1-47 所示。

2. 形状与艺术字的对齐与组合

（1）按住 Ctrl 键单击对象名，"选择"窗格中的 4 个对象；单击"格式"→"排列"→"对齐"→"水平居中"或"垂直居中"，如图 1-48 所示。"格式"选项卡中的各种对齐方式如图 1-49 所示。

图 1-47 "选择"窗格的内容

图 1-48 "格式"选项卡的对齐和组合按钮　　图 1-49 "格式"选项卡中的各种对齐方式

（2）单击"格式"→"排列"→"组合对象"→"组合"；或右击，在弹出的快捷菜单中选择"组合"命令，将所有对象组合到一起形成一个整体。

（3）单击"格式"→"排列"→"环绕文字"→"浮于文字上方"，如图 1-50 和图 1-51 所示。然后移动电子图章到右下角的位置。

（4）单击标题栏的"保存"按钮保存文档。

图 1-50 "格式"选项卡中环绕文字的设置

图 1-51 "格式"选项卡中的各种环绕方式

1.4　实　训　效　果

奖状制作的效果如图 1-52 所示。

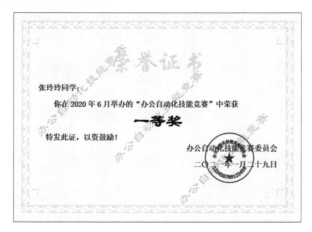

图 1-52　奖状效果(一)

举一反三：在购买的现成的奖状上打印奖状内容的设置效果如图 1-53 所示。

实训 1-14

图 1-53　奖状效果(二)

1.5　本章总结

总结规律，善于思考和积累，才能系统地掌握 Word 功能和技巧，高效地完成学习和工作任务。文档的编辑与排版的思维导图如图 1-54 所示。请读者在实训后将具体的方法进行补充完整。

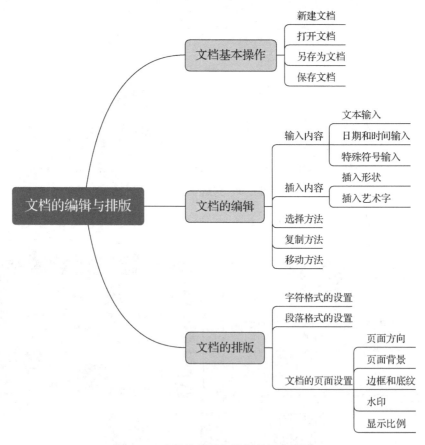

图 1-54　文档的编辑与排版的思维导图

第2章

邮件合并

本章以奖状、校友卡和标签的邮件合并应用案例为主线，分别实现文本、图片和标签的邮件合并。邮件合并文档由固定版式的主文档和可变信息的数据源构成。学习邮件合并需要的步骤，由浅入深，实现文档处理软件的邮件合并功能，并举一反三，实现邀请函、桌签或席卡、工作证等的应用。图 2-1 是邮件合并的思维导图，供读者学习时参考。

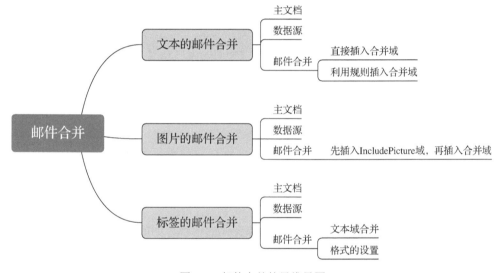

图 2-1　邮件合并的思维导图

二级考点：利用"邮件合并"功能批量制作和处理文档

2.1　文本的邮件合并

文本的邮件合并以奖状的邮件合并作为应用案例。在制作好一张奖状后，如果要制作多个人员的奖状，应该如何操作呢？那就是应用 Word 的"邮件合并"功能。合并文档的样文如图 2-2 所示。

实训 2-1

图 2-2　合并文档样文

2.1.1　制作文本邮件合并的主文档

主文档就是文档中不变的内容。

实训要求：制作邮件合并的主文档，删除文档中的变化内容(姓名，奖项)，另存为主文档。

方法指导：打开制作好的奖状样文，删除变化的内容，如姓名、赛别、奖项，另存为主文档，如图 2-3 所示。

实训 2-2

图 2-3　制作邮件合并的主文档

2.1.2 文本邮件合并的数据源

数据源就是文档中变化的内容。用 Word 表格、Excel 表格或文本文件都可以制作数据源。

本邮件合并案例的数据源为"实训 2-获奖名单 1.docx"、"实训 2-获奖名单 2.xlsx"或"实训 2-获奖名单 3.txt"三种不同的文件之一，事先已分别用 Word 表格、Excel 表格及纯文本文件制作好，如图 2-4 所示。

实训 2-3

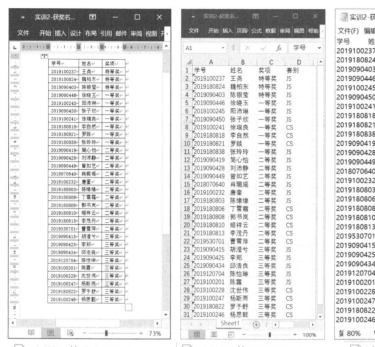

实训2-获奖名单1.docx　实训2-获奖名单2.xlsx　实训2-获奖名单3.txt

图 2-4　邮件合并的三种数据源

2.1.3 文本的邮件合并过程

邮件合并就是将主文档中不变的内容和数据源中变化的内容合并到一起。

实训要求：使用邮件合并的工具栏按钮或邮件合并任务窗格合并文档，设置合并文档为多页显示并保存。

实训 2-4

方法指导：

1) 使用邮件合并的工具栏按钮合并文档

（1）打开主文档，单击"邮件"→"开始邮件合并"→"开始邮件合并"，选择相应的文档类型，这里选择普通 Word 文档。

（2）单击"邮件"→"开始邮件合并"→"选择收件人"→"使用现有列表"，找到数据源，单击"打开"按钮，如图 2-5 所示。

注意，观察数据源打开前后的"邮件"选项卡的内容变化，打开邮件后，一些原来不可用的按钮变成可用的了，如图 2-6 所示。

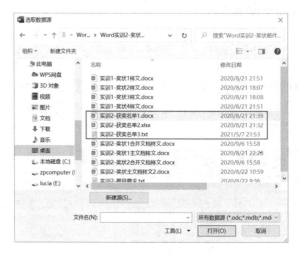

图 2-5　"选取数据源"对话框

图 2-6　数据源打开前后的"邮件"选项卡的内容变化

　　数据源打开后，单击"邮件"→"开始邮件合并"→"编辑收件人列表"，打开"邮件合并收件人"对话框，如图 2-7 所示。可以对数据源使用复选框来添加或删除合并的收件人，还可进行排序、筛选、查找重复收件人等操作。如果数据源不需要做更改，这一步可以省略。

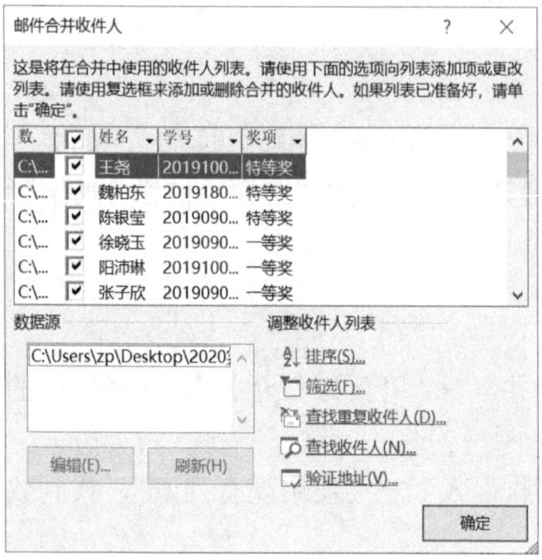

　　(3)定位光标位置。单击"邮件"→"编写和插入域"→"插入合并域"，在出现的"插入合并域"对话框中选择相应位置插入的域名后，单击"插入"按钮；或者单击"邮件"→"编写和插入域"旁边的 ▼ ，直接单击相应位置的域名，如图 2-8 所示。

　　注意，使用上面的方法插入域名后预览的内容与表格中的内容是一致的。

　　问题 1. 若插入域名的内容需要根据情况变化，如在文档中插入赛别(当赛别内容为 JS 时，奖状中显示为"决赛"；赛别内容为 CS 时，奖状中显示为"初赛")，应该如何插入域名呢？

图 2-7　"邮件合并收件人"对话框

教师点拨：①如果插入的域名内容有变化，需要定位光标位置，单击"邮件"→"编写和插入域"→"规则"→"如果…那么…否则"，如图 2-9 所示。在"插入 Word 域：如果"对话框中设置参数后单击"确定"按钮，如图 2-10 所示。②如果插入域的字号需要和其他字号相同，可以单击"开始"→"剪贴板"→"格式刷"，使用格式刷功能。

实训 2-5

图 2-8　插入合并域的两种方式

图 2-9　邮件合并中的规则内容

图 2-10　"插入 Word 域：如果"对话框

(4) 单击"邮件"→"预览结果"→"预览结果"，预览合并结果，如图 2-11 所示。可以单击首条记录、上一条记录、下一条记录和尾记录按钮进行记录间的跳转。也可以直接输入记录号后按 Enter 键进行跳转。

(5) 单击"完成"→"完成并合并"→"编辑单个文档"，在"合并到新文档"对话框中合并记录，如图 2-12 所示。

图 2-11　在记录间跳转

图 2-12　完成并合并的设置

可以合并全部记录、当前记录，也可以合并部分记录，如从记录 x 合并到记录 y。合并后会产生一个新的文档"信函 1"，可以另存为其他的文档名称。

问题 2. 若合并文档的背景消失，如何设置才不会消失？

教师点拨：

如果主文档的背景是通过单击"设计"→"页面背景"→"页面颜色"进行设置的，则合并后文档的页面背景就会消失。补救的方法是：在合并的文档中再次单击"设计"→"页面背景"→"页面颜色"设置页面背景。

那么如何设置主文档背景，它才不会消失呢？方法是：单击"插入"→"插图"→"图片"，选择插入图片的来源后插入图片，再单击"格式"→"排列"→"环绕文字"→"衬于文字下方"，并调整图片的大小与页面的大小相同。这样设置背景后的主文档在经过邮件合并后，合并文档的背景就不会消失。

如果合并后文档需要设置为多页显示，则单击"视图"→"缩放"→"多页"，或直接拖动文档右下角的显示比例按钮调整显示比例，如一行显示 6 个荣誉证书。最后保存文档。

打印时最好保存为 PDF 文件格式，这样所保存的内容才不会变形。

图 2-13　"邮件合并分步向导"选项

2) 使用邮件合并向导的任务窗格合并文档

打开主文档，单击"邮件"→"开始邮件合并"→"开始邮件合并"→"邮件合并分步向导"，如图 2-13 所示。在文档右侧出现邮件合并向导窗格，一共有 6 步，依次完成即可。

(1) 选择文档类型，如图 2-14 所示。

(2) 选择开始文档，如图 2-15 所示。

(3) 选择收件人，如图 2-16 所示。

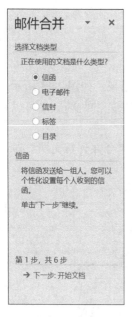

图 2-14　第 1 步：选择文档类型　　图 2-15　第 2 步：选择开始文档　　图 2-16　第 3 步：选择收件人

(4) 撰写信函, 如图 2-17 所示。

(5) 预览信函, 如图 2-18 所示。

(6) 完成合并, 如图 2-19 所示。

完成后的文档样文部分效果如图 2-20 所示。

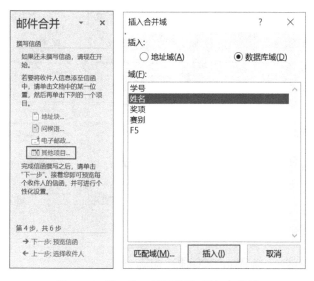

图 2-17　第 4 步: 撰写信函-插入合并域　　　　　　图 2-18　第 5 步: 预览信函

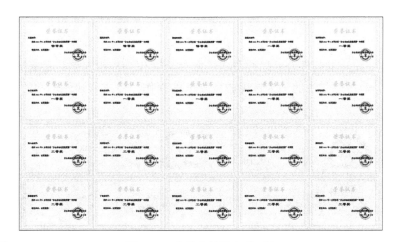

图 2-19　第 6 步: 完成合并　　　　　　　图 2-20　合并文档样文(部分)

问题 3. 如果合并后文档的最后一页是空白页, 应如何删除?

教师点拨:

(1) 将光标定位到有内容页的最后, 按 Delete 键删除光标后的内容。

(2) 将光标定位到空白页, 按 Backspace 键删除光标前的内容。

举一反三: 如果直接在现成的奖状作为背景的文档上合并文档, 方法有两种。可使用邮件合并的工具栏按钮或使用邮件合并任务窗格来合并文档。完成合并后的文档样文部分效果如图 2-21 所示。

图 2-21　奖状作为背景合并文档样文(部分)

问题 4. 多个 Word 文档内容汇总到一个 Word 文档里，怎么办？

教师点拨：利用 Word 的插入对象功能可以把多个文档瞬间合并到一起。

方法指导：单击"插入"→"文本"→"对象"→"文件中的文字"。

2.2　图片的邮件合并

图片的邮件合并以校友卡的邮件合并作为应用案例。本案例请参考"实训 3-校友卡样文"，仿照学生的一卡通完成校友卡的制作。校友卡邮件合并的效果如图 2-22 所示。

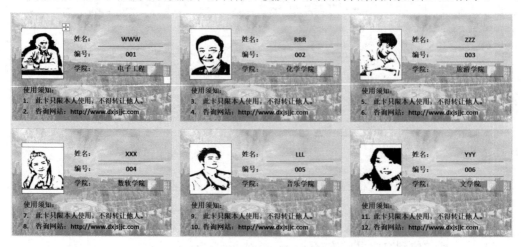

图 2-22　校友卡邮件合并的效果

2.2.1　制作图片邮件合并的主文档

将校友卡样文中的变化内容去掉就是主文档，邮件合并的主文档样文如图 2-23 所示。

制作邮件合并主文档的步骤如下。

1. 页面设置

二级考点：调整页面布局

实训要求：设置纸张大小为宽度 8.5 厘米，高度 5.5 厘米，上、下、左、右页边距都为 0。

图 2-23　图片邮件合并主文档样文

方法 1：单击"布局"→"页面设置"→"对话框启动器" ，在"页面设置"对话框中设置纸张和页边距的参数，如图 2-24 所示。

实训 2-6

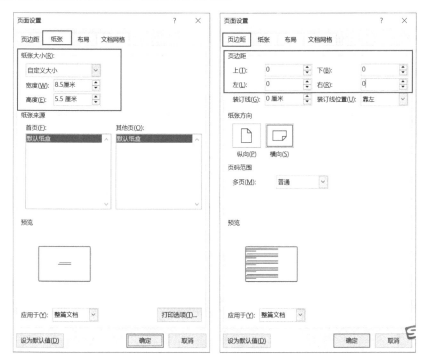

图 2-24　主文档的页面设置

方法 2：单击"布局"→"页面设置"→"纸张大小"→"其他纸张大小"，设置纸张参数。单击"布局"→"页面设置"→"页边距"→"自定义页边距"，设置页边距参数。

2. 插入表格

Word 表格主要用于对齐排版，进行简单计算。表格中的序号可以使用编号填入。表格通常在表格工具的"设计"选项卡和"布局"选项卡中设置。

二级考点：文档中表格的制作与编辑

实训要求：插入一个 3 行 2 列的表格，用于显示姓名、编号和学院，并设置相应的表格线和表格大小，表格内容中部居中。

方法指导：以下四种方法任选其一。

方法 1：双击要显示表格的位置，单击"插入"→"表格"→"表格"，拖动鼠标左键选择 3 行 2 列的表格，如图 2-25 所示。

教师点拨：插入表格时以最多行和最多列为标准。

将鼠标指针放到表格右下角的方框处，当指针变成双向箭头后可以调整整张表格的大小。

将鼠标指针放到表格左上角的 4 个箭头处，可以选择表格并移动整个表格，如图 2-26 所示。

方法 2：双击要显示表格的位置，单击"插入"→"表格"→"表格"→"插入表格"，在"插入表格"对话框中设置参数后，单击"确定"按钮，如图 2-27 所示。

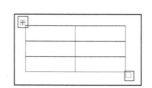
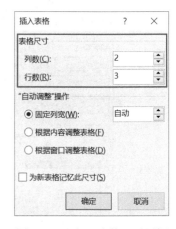

图 2-25　插入快速表格　　　图 2-26　表格的选择和移动　　　图 2-27　"插入表格"对话框

方法 3：双击要显示表格的位置，单击"插入"→"表格"→"表格"→"绘制表格"，按住鼠标左键手动绘制表格。选择表格，单击"设计"→"边框"→"边框"，设置表格的框线，如图 2-28 所示。

图 2-28　表格框线的设置

使用以上方法后输入表格第 1 列内容并加粗。

方法 4：如果表格内容已存为文本格式，选择表格内容，单击"插入"→"表格"→"表格"→"文本转换成表格"，在对话框中设置列数、列宽、文字分隔符号，一般情况下，计算机会自动识别，用户只需要单击"确定"按钮就可以插入表格。

选择表格，单击表格工具的"设计"选项卡进行表格样式和表格边框的设置；单击表格工具的"布局"选项卡可进行行或列的插入或删除，单元格的合并或拆分，表格的拆分，表格对齐方式的设置，表格的排序和计算等操作。本案例选择表格，单击"布局"→"对齐方式"→"水平居中"，使表格内容居中，如图 2-29 所示。

图 2-29　表格内容对齐方式的设置

教师点拨：在表格中按 F4 键可以进行重复设置的操作。

问题 5. 表格后面多一个空白页删不掉，怎么办？

教师点拨：表格后面默认有一个回车符。如果第 1 页的表格太满，回车符就会被挤到下一页显示，不能直接删除。可以将段落标记变小；或者减小表格行高；或者减小页边距，将段落标记显示到上一页。

方法指导：

方法 1：选择空白页的段落标记，打开"段落"对话框，设置行距为一个非常小的单位（如固定值 1 磅）。

方法 2：如果允许调整表格行高，可以适当减小表格的行高。

方法 3：打开"布局"→"页面设置"→"页边距"，适当减小上边距和下边距的大小。

3．插入文本框

文本框分为水平文本框与垂直文本框，在文本框内既可以插入文字也可以插入图片。其最大特点是可以随意在页面中移动和修改，用它可以非常方便地制作小报、封面和对联等。

选择文本框，在"格式"选项卡中设置文本框的格式。文本框格式主要包括文字方向，文本框的大小、环绕方式、形状填充、形状轮廓等。

二级考点：文本框的使用

实训要求：插入的文本框用于放置照片，设置文本框的宽度为 2.2 厘米，高度为 2.6 厘米，上、下、左、右边距为 0。

问题 6. 没有"格式"选项卡怎么办？

教师点拨：

只有在选择文本框的状态下，才会出现"格式"选项卡。如果没有出现"格式"选项卡，可单击文本框的边框选择文本框。

方法指导：

方法 1：单击"插入"→"文本"→"文本框"→"绘制横排文本框"，按住鼠标左键拖动鼠标画出文本框。单击"格式"→"大小"，设置文本框的宽度和高度。

方法 2：单击"格式"→"排列"→"对齐"→"垂直居中"。单击"格式"→"形状样式"→"⬛"，在"设置形状格式"窗格中设置文本框的上、下、左、右布局值，如图 2-30 所示。

4．插入文本框并输入"使用须知"内容

图 2-30　文本框边距的设置

实训要求：插入的文本框用于显示"使用须知"，输入相应的内容并加粗。设置文本框的垂直对齐方式为中部对齐，上、下、左、右边距为 0，形状填充和形状轮廓都为无。

方法指导：双击要显示表格的位置，单击"插入"→"文本"→"文本框"→"绘制横排文本框",按住鼠标左键拖动鼠标画出文本框,输入内容,调整文本框的大小显示所有文本。

方法 1:选择文本框,单击"格式"→"形状样式"→"形状填充"→"无填充",单击"格式"→"形状样式"→"形状轮廓"→"无轮廓",如图 2-31 所示。

图 2-31　文本框形状样式的设置

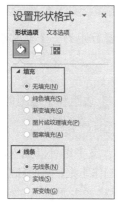

图 2-32　形状格式窗格中设置文本框

方法 2:选择文本框,单击"格式"→"形状样式"→"▫",在"设置形状格式"窗格中设置文本框的填充为无填充,线条为无线条,如图 2-32 所示。

问题 7. 如果插入照片的文本框挡住"使用须知"的文本框,怎么办?

教师点拨:如果插入照片的文本框挡住"使用须知"的文本框,可以拖动照片文本框的边框调整到页面中部偏上的位置。

5. 插入背景图片

实训要求:插入图片"成龙校区.jpg"作为背景,并调整颜色,让文字显示清晰。

(1)将光标定位到文档开头,单击"插入"→"插图"→"图片",选择素材中的图片插入。调整图片大小与页面大小相同。

(2)单击"格式"→"排列"→"环绕文字"→"衬于文字下方"。

(3)单击"格式"→"调整"→"颜色"→"重新着色",选择其中一种效果,如"橄榄色,个性色 3,浅色",如图 2-33 所示。

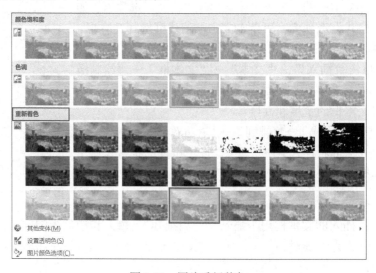

图 2-33　图片重新着色

问题 8. 插入图片后仅显示部分，多次删除、再插入也没用，更改图片环绕方式为其他类型，图片显示完整，但更改为"嵌入型"，又显示不完整，原因是什么？

教师点拨：嵌入型图片相当于一个"字符"，如果行距太小，就会导致图片显示不完整。

方法指导：设置图片所在行的行距为单倍行距或多倍行距。

6. 保存为主文档文件

第 1 次将文档保存为校友卡主文档时，使用下面任何一种方法都可以。修改后再次保存时使用方法 1～3。如果要更名、更换位置时使用方法 4。

方法 1：单击"文件"→"保存"。

方法 2：单击"保存"按钮。

方法 3：按 Ctrl+S 快捷键。

方法 4：单击"文件"→"另存为"。

2.2.2 图片邮件合并的数据源

用 Word 表格、Excel 表格或文本文件都可以制作数据源。

这个案例的数据源"实训 3-校友录"已使用 Excel 制作好，如图 2-34 所示。

	A	B	C	D
1	姓名	学院	编号	照片
2	WWW	电子工程	001	WWW.jpg
3	RRR	化学学院	002	RRR.jpg
4	ZZZ	旅游学院	003	ZZZ.jpg
5	XXX	数软学院	004	XXX.jpg
6	LLL	音乐学院	005	LLL.jpg
7	YYY	文学院	006	YYY.jpg

图 2-34　数据源的内容

2.2.3 图片的邮件合并过程

实训要求：将校友卡主文档和"实训 3-校友录"文档进行邮件合并。

方法指导：使用邮件合并的工具栏按钮合并文档。

实训 2-7

（1）打开主文档，单击"邮件"→"开始邮件合并"→"开始邮件合并"，选择相应的文档类型，这里选择普通 Word 文档。

（2）打开数据源，单击"邮件"→"开始邮件合并"→"选择收件人"→"使用现有列表"，找到数据源并将其打开。

（3）插入文本合并域和图片合并域。

① 插入文本的合并域，定位光标位置，单击"邮件"→"编写和插入域"旁边的"▼"，直接单击相应域名插入，如表格中的域名姓名、编号、学院。

② 插入图片的合并域，照片不是文本，直接插入后显示不了，那么图片相关的域名应该如何插入呢？对于与图片相关的域名，插入方法与文本域名不同。方法是：定位光标到需要插入照片的文本框。单击"插入"→"文本"→"文档部件"→"域"，如图 2-35 所示。在"域"对话框中，找到域名 IncludePicture 后单击，在"文件名域 URL:"文本框中填写内容，如×××，如图 2-36 所示。

图 2-35　插入选项卡中文档部件下的域命令

图 2-36　"域"对话框的设置

问题 9. 在"域"对话框中的"文件名域 URL:"中填写内容必须是×××吗?

教师点拨:在"域"对话框中的"文件名域 URL:"中填写的内容可以是任意的内容,主要用于后面插入域名的位置标记,域名插入后会删除。

切换域代码,选择填写的内容"×××",单击"邮件"→"编写和插入域"旁边的" ▼ ",单击照片域名"×××"插入,如图 2-37 所示。减小字号,可以看到"照片"代替了"×××"内容。再次切换域代码。

用户可以看出,姓名、编号和学院的文本域与文本框中的图片域显示不同,如图 2-38 所示。

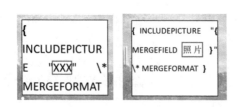

图 2-37　切换域代码后插入照片域的前后对比

图 2-38　文本域和图片域显示对比

问题 10. 怎么切换域代码?

教师点拨:①按 Alt+F9 快捷键。②右击,在快捷菜单中选择"切换域代码"命令。域的快捷键如表 2-1 所示。

表 2-1　域的快捷键

快捷键	功能
Ctrl+F9	快速插入域括号"{}"。注意,这个花括号不能用键盘输入
Shift+F9	显示或者隐藏指定的域代码
Alt+F9	显示或者隐藏文档中所有域代码
F9	更新域

（4）单击"邮件"→"预览结果"→"预览结果按钮"，预览有照片的邮件合并结果，如图 2-39 所示。

注意，此时文本结果可以预览，图片结果还不能预览。

（5）单击"完成"→"完成并合并"→"编辑单个文档"，在"合并到新文档"对话框中合并全部记录。合并后会产生一个新的文档"信函 1"，如果合并后文档需要设置为多页显示，单击"视图"→"缩放"→"多页"，或拖动文档右下角的显示比例按钮调整显示比例。可另存为其他名称的文档。

图 2-39　有照片的邮件合并预览效果

问题 11. 合并文档中的照片域内容看不到，如何解决？

教师点拨：

保存关闭合并后文档并重新打开，才能看到照片域的内容，样文如图 2-40 所示。

图 2-40　有照片的合并效果

如果关闭合并后文档重新打开也不能看到照片域的内容，要注意检查保存文件的位置。因为照片、主文档和数据源一定要保存在同一个文件夹内，如果某一文件位置发生变化，合并域时 Word 就找不到对象，从而出现显示错误。

问题 12. 合并文档最后的空白页如何删除？

教师点拨：

将光标定位到最后一页，选择表格，按 Backspace 键直接删除。选择文本框的边框，按 Backspace 或 Delete 键都直接删除。将光标定位到最后一页，再按 Delete 键，直到删除最后一页的空白页为止。

注意，按 Delete 键只能删除表格内容，只有按 Backspace 键才能直接删除整个表格。

2.3　标签的邮件合并

标签的邮件合并请参考样例效果，按照要求完成。样文单页效果如图 2-41 所示，多页效果如图 2-42 所示。

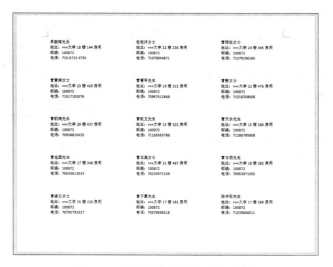

图 2-41 标签邮件合并单页显示效果

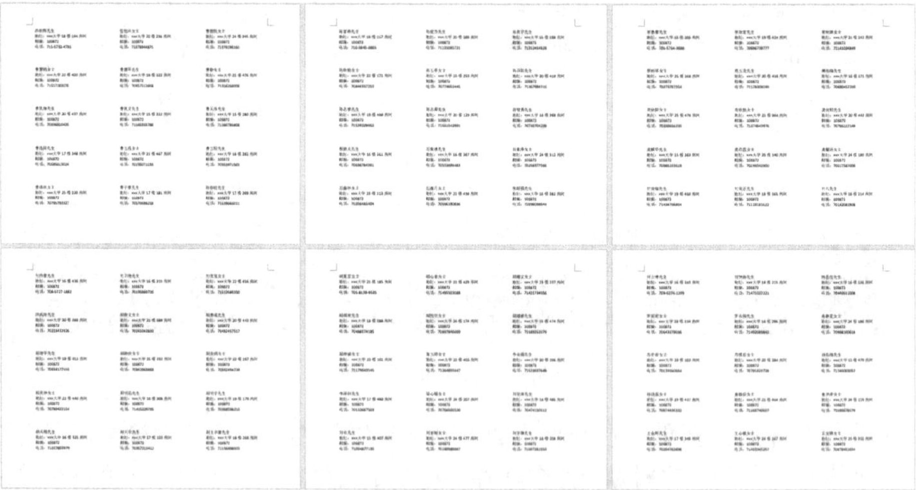

图 2-42 标签邮件合并多页显示效果

2.3.1 制作标签邮件合并的主文档

实训 2-8

实训要求:创建一个新的 Word 文档,将其保存到文件夹,文件名为"标签主文档.docx"。纸张大小为 A4,方向为横向。按照下列要求创建标签:标签列数为 3 列、行数为 5 行。上边距为 2 厘米,侧边距为 3 厘米。每一标签高度为 3 厘米,宽度为 7.5 厘米。纵向跨度 3.5 厘米,横向跨度 8 厘米。

方法指导:

(1)新建 Word 文档,保存为"标签主文档",纸张大小为 A4,纸张方向为横向。

(2)单击"邮件"→"开始邮件合并"→"开始邮件合并"→"标签"。在"标签选项"对话框中,单击"新建标签"按钮。在"标签详情"对话框中设置标签的各项参数,如图 2-43 所示。设置完后单击"确定"按钮,关闭所有对话框。

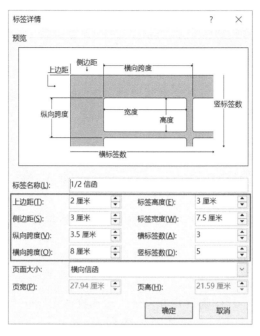

图 2-43 标签参数的设置

2.3.2 标签邮件合并的数据源

标签邮件合并的数据源为素材中的"邮寄地址.xlsx"文档，部分内容如图 2-44 所示。

	A	B	C	D	E
1	姓名	性别	地址	邮编	电话
2	昂朝辉	男	×××大学18楼144房间	100872	71557324791
3	包铠沣	女	×××大学22楼236房间	100872	71078944871
4	曹程悦	女	×××大学24楼345房间	100872	71379196160
5	曹慧娟	女	×××大学23楼420房间	100872	71517183076
6	曹慧军	男	×××大学19楼322房间	100872	70957512668
7	曹静	女	×××大学20楼476房间	100872	71316258008
8	曹凯瑞	男	×××大学20楼437房间	100872	70938810425
9	曹凯文	男	×××大学17楼322房间	100872	71165555788
10	曹天乐	男	×××大学15楼280房间	100872	71280785808
11	曹选国	男	×××大学17楼348房间	100872	70535613024
12	曹玉晶	女	×××大学21楼457房间	100872	70235071159
13	曹玉朋	男	×××大学18楼282房间	100872	70953971503
14	曹缘双	女	×××大学15楼220房间	100872	70795793327
15	曹子豪	男	×××大学17楼181房间	100872	70570698218
16	陈存旺	男	×××大学17楼269房间	100872	71539666011
17	陈富林	男	×××大学19楼117房间	100872	71058450865
18	陈俊杰	男	×××大学20楼289房间	100872	71125095721
19	陈良宇	男	×××大学15楼238房间	100872	71312454828
20	陈欣怡	女	×××大学22楼171房间	100872	70846337253
21	陈玉婷	女	×××大学20楼293房间	100872	70774653445
22	陈召阳	男	×××大学20楼419房间	100872	71367994316
23	陈志豪	男	×××大学19楼498房间	100872	71539229952
24	陈志霖	男	×××大学20楼129房间	100872	71551542991
25	陈智勇	男	×××大学18楼368房间	100872	70730704239
26	程德元	男	×××大学21楼442房间	100872	70698784361
27	迟黄康	男	×××大学16楼267房间	100872	70553699483
28	迟黄萍	女	×××大学24楼312房间	100872	70250207254
29	迟婕琳	女	×××大学23楼113房间	100872	70256485404
30	迟鑫月	女	×××大学22楼439房间	100872	70596190836
31	崔朗强	男	×××大学18楼382房间	100872	71096099644
32	崔富豪	男	×××大学15楼205房间	100872	70557643688
33	崔效富	男	×××大学18楼372房间	100872	70686739777
34	崔欣祺	女	×××大学21楼242房间	100872	71141024849
35	崔雨祺	女	×××大学25楼268房间	100872	70273767354
36	范玉龙	男	×××大学20楼416房间	100872	71178308186
37	傅浩楠	男	×××大学16楼171房间	100872	70680452269
38	高欣阳	男	×××大学25楼363房间	100872	70330656333
39	高欣怡	女	×××大学17楼364房间	100872	71374643976
40	龚俊昭	男	×××大学20楼442房间	100872	70795112148
41	龚麟祥	男	×××大学15楼263房间	100872	70985203619
42	龚志豪	女	×××大学25楼140房间	100872	70246542900

	A	B	C	D	E
60	胡天宇	男	×××大学17楼123房间	100872	70357213412
61	胡王宇豪	男	×××大学18楼266房间	100872	71136498503
62	胡夏雪	女	×××大学21楼185房间	100872	70581399535
63	胡心蕾	女	×××大学24楼456房间	100872	71495503088
64	胡耀文	女	×××大学23楼237房间	100872	71421734056
65	胡熠宸	男	×××大学18楼388房间	100872	70488374185
66	胡悦明	女	×××大学24楼174房间	100872	70897846669
67	胡越涵	男	×××大学15楼474房间	100872	71189252079
68	胡梓诚	男	×××大学23楼161房间	100872	71179843545
69	黄玉婷	女	×××大学22楼405房间	100872	71264855647
70	李全顺	男	×××大学20楼106房间	100872	71523637649
71	李湃洲	男	×××大学17楼488房间	100872	70132667503
72	梁心媛	女	×××大学22楼207房间	100872	70766666530
73	刘宏禹	男	×××大学18楼466房间	100872	70474150112
74	刘欢	男	×××大学15楼407房间	100872	71064877135
75	刘延梅	女	×××大学24楼269房间	100872	70180988667
76	刘宇翔	男	×××大学18楼208房间	100872	71067261553
77	刘占博	男	×××大学17楼243房间	100872	70962741299
78	刘粹涛	男	×××大学19楼488房间	100872	71471037221
79	路思虎	男	×××大学16楼126房间	100872	70440611008
80	罗丽丽	女	×××大学23楼134房间	100872	70643279036
81	罗永强	男	×××大学18楼296房间	100872	71492089842
82	冉静雯	女	×××大学24楼186房间	100872	70998100618
83	苏仕甜	女	×××大学15楼103房间	100872	70133360664
84	苏雅瑄	女	×××大学22楼284房间	100872	70791823728
85	孙洁楠	男	×××大学18楼215房间	100872	71340003052
86	孙晓磊	女	×××大学22楼437房间	100872	70974436332
87	童爱茹	女	×××大学21楼464房间	100872	71160740637
88	童伊萍	女	×××大学24楼119房间	100872	71595678579
89	王金辉	男	×××大学17楼345房间	100872	70264762696
90	王心敏	女	×××大学23楼167房间	100872	71433345257
91	卫安琪	女	×××大学25楼310房间	100872	70678451654
92	卫智奕	男	×××大学17楼230房间	100872	71136882259
93	吴冬平	男	×××大学19楼350房间	100872	70417944029
94	吴昊轩	男	×××大学19楼437房间	100872	71165872686
95	武睿婕	女	×××大学17楼450房间	100872	71525367047
96	武睿敏	女	×××大学21楼162房间	100872	70611649169
97	夏海博	男	×××大学17楼450房间	100872	70927971883
98	夏俊龙	男	×××大学18楼244房间	100872	70558379685
99	夏海宇	男	×××大学23楼103房间	100872	71051169068
100	夏少琪	男	×××大学16楼250房间	100872	70487111355
101	夏胜东	男	×××大学16楼229房间	100872	71012998601

图 2-44 标签数据源的内容

2.3.3　标签的邮件合并过程

实训 2-9

实训要求：

(1)数据源为文件夹中的"邮寄地址.xlsx"文档。

(2)每张标签自上而下分别插入合并域"姓名""地址""邮编""电话"。

(3)"姓名"之后须根据学员的"性别"进行判断，如果"性别"为"男"，则插入"先生"，如果"性别"为"女"则插入"女士"。

(4)在"地址""邮编""电话"3 个合并域之前，插入文本"地址:""邮编:""电话:"。

(5)标签上电话号码的格式应为"xxx-xxxx-xxxx"（前 3 位数字后面和末 4 位数字前面各有一个减号"-"）。

(6)完成合并，为每位学员生成标签，删除没有实际学员信息的标签内容，并将结果另存为"合并结果.docx"。

方法指导：

(1)将光标定位到标签主文档中。

(2)单击"邮件"→"开始邮件合并"→"选择收件人"→"使用现有列表"，找到数据源"邮寄地址.xlsx"并打开，效果如图 2-45 所示。

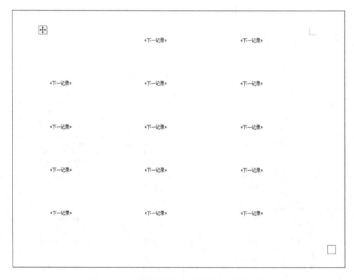

图 2-45　数据源打开后的文档效果

(3)定位光标位置到文件开头，单击"邮件"→"编写和插入域"旁边的 ▼，直接单击相应域名插入，如"姓名""地址""邮编""电话"，效果如图 2-46 所示。

(4)定位光标位置到"姓名"域之后，单击"邮件"→"编写和插入域"→"规则"→"如果…那么…否则"，在对话框中设置参数，如图 2-47 所示。在"地址""邮编""电话"3 个合并域之前，插入文本"地址:""邮编:""电话:"，效果如图 2-48 所示。

图 2-46　插入合并域后的效果

插入 Word 域: 如果
如果
域名(F):
性别
比较条件(C):
等于
比较对象(T):
男
则插入此文字(I):
男士
否则插入此文字(O):
女士
确定
取消

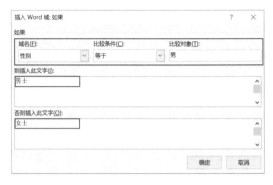

图 2-47　合并域“性别”的设置

(5) 设置标签上电话号码的格式为“xxx-xxxx-xxxx”。

方法：选择“电话”域并右击，在弹出的快捷菜单中单击“切换域代码”命令，显示域代码。也可按 Alt+F9 快捷键切换域代码。在域代码的“电话”后面输入“\###'-'####'-'####”，如图 2-49 所示。再次切换域代码返回。

«姓名»先生
地址：«地址»
邮编：«邮编»
电话：«电话»

«姓名»先生
地址：«地址»
邮编：«邮编»
电话：{ MERGEFIELD 电话 }
«姓名»先生
地址：«地址»
邮编：«邮编»
电话：{ MERGEFIELD 电话\###'-'####'-'####}

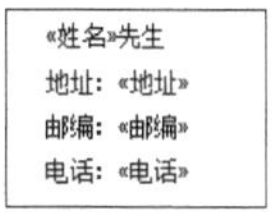

图 2-48　设置效果　　　图 2-49　电话域格式的设置前后对比

注意，一定用“#”表示数字，“-”两侧加上英文单引号“'”。

方法：单击“邮件”→“预览结果”→“预览结果”，即可预览合并结果。这时只看到一个人的标签结果，如图 2-50 所示。

昂朝辉先生
地址：xxx大学 18 楼 144 房间
邮编：100872
电话：715-5732-4791

图 2-50　预览结果

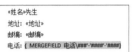

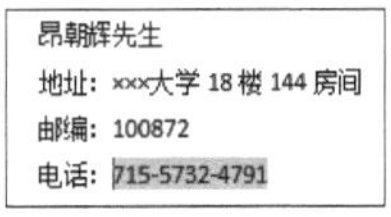

单击“邮件”→“编写和插入域”→“更新标签”，预览完整一页的标签内容，如图 2-51 所示。

昂朝辉先生
地址：xxx大学 18 楼 144 房间
邮编：100872
电话：715-5732-4791
包铠沣女士
地址：xxx大学 22 楼 236 房间
邮编：100872
电话：710-7894-4871
曹程悦女士
地址：xxx大学 24 楼 345 房间
邮编：100872
电话：713-7919-6160
曹慧娟女士
地址：xxx大学 23 楼 420 房间
邮编：100872
电话：715-1718-3076
曹慧军先生
地址：xxx大学 19 楼 322 房间
邮编：100872
电话：709-5751-2668
曹静女士
地址：xxx大学 22 楼 476 房间
邮编：100872
电话：713-1625-8008
曹凯瑞先生
地址：xxx大学 20 楼 437 房间
邮编：100872
电话：709-3881-0425
曹凯文先生
地址：xxx大学 15 楼 322 房间
邮编：100872
电话：711-6555-5788
曹天乐先生
地址：xxx大学 15 楼 280 房间
邮编：100872
电话：712-8078-5808
曹选国先生
地址：xxx大学 17 楼 348 房间
邮编：100872
电话：705-3561-3024
曹玉晶女士
地址：xxx大学 21 楼 467 房间
邮编：100872
电话：702-3507-1159
曹玉朋先生
地址：xxx大学 18 楼 282 房间
邮编：100872
电话：709-5397-1503
曹缘双女士
地址：xxx大学 25 楼 220 房间
邮编：100872
电话：707-9579-3327
曹子豪先生
地址：xxx大学 17 楼 181 房间
邮编：100872
电话：705-7069-8218
陈存旺先生
地址：xxx大学 17 楼 269 房间
邮编：100872
电话：715-3966-6011

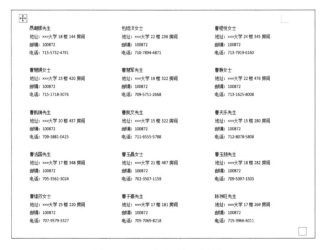

图 2-51　更新标签后的效果

(6) 单击“完成”→“完成并合并”→“编辑单个文档”，在“合并到新文档”对话框中合并全部记录。合并后会产生一个新的文档“标签 1”，删除没有实际学员信息的标签内容，另存为"合并结果"文档，效果如图 2-52 所示。

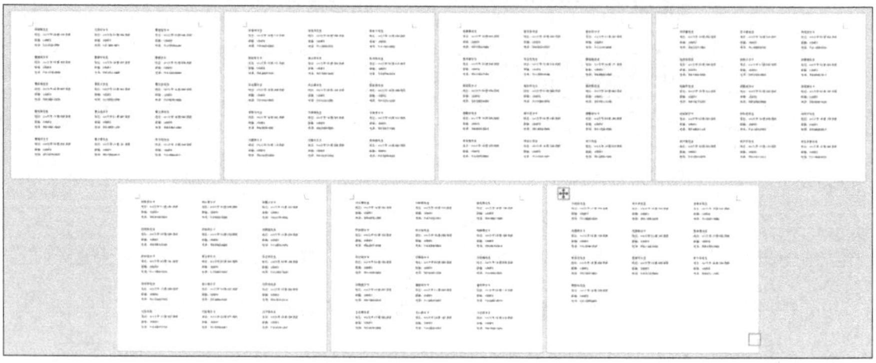

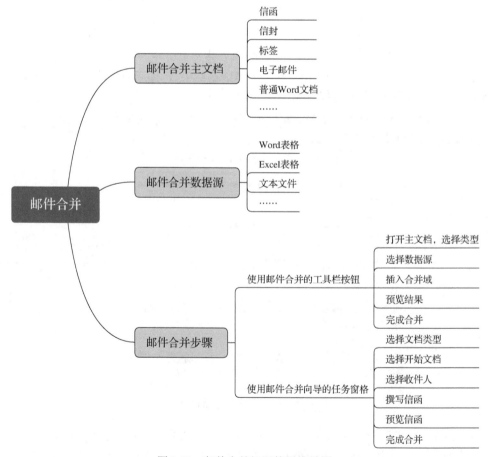

图 2-52　标签的合并文档

2.4　本 章 总 结

邮件合并知识的思维导图如图 2-53 所示。请读者在实训后将具体的方法补充完整。

图 2-53　邮件合并知识的思维导图

长文档排版

本章以毕业论文排版的应用案例为主线，按照毕业论文排版的顺序，学习长文档排版的知识与技巧，由浅入深，由点到面，实现文档处理软件的高级排版。图 3-1 是长文档排版的思维导图，供读者学习时参考。长文档排版的效果图如图 3-2 所示。

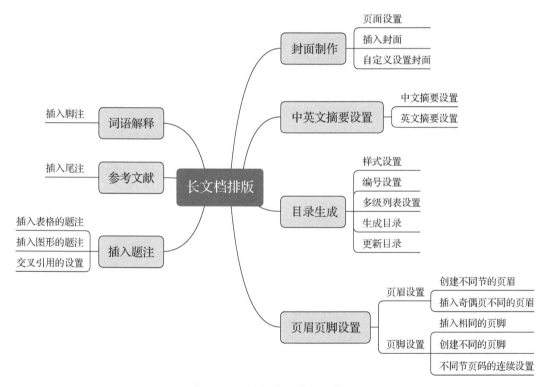

图 3-1　长文档排版的思维导图

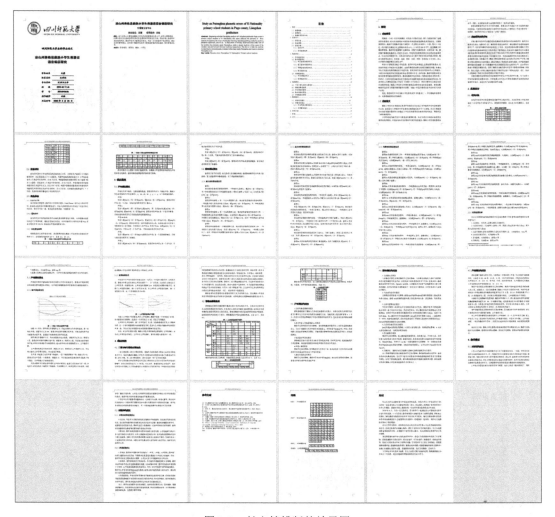

图 3-2　长文档排版的效果图

3.1　毕业论文写作方法

　　毕业论文写作方法分为写作前、写作中和写作后 3 个阶段，详细内容如表 3-1 所示。毕业论文写作前，确定内容后使用思维导图软件梳理大纲，如表 3-2 所示；利用学校图书馆，以及万方数据库、维普资讯网和中国知网三大资源网收集毕业论文资料，如表 3-3 所示。写作过程中搭建框架、录入内容和排版。毕业论文写作后使用批注、修订进行修改，最后上传到系统或打印输出。

表 3-1 毕业论文写作

写作前	写作中		写作后
确定内容	搭建框架	页面设置	批注
		创建样式	
		多级列表	
整理大纲	录入内容	套用样式	修订
		图表编号	
		参考文献	
收集资料	完善排版	引用目录	上传系统
		封面制作	
		页眉页脚	

表 3-2 用于梳理大纲的常用思维导图软件比较

思维导图软件	特点	是否收费
XMind	易用，可扩展，跨平台，能与其他 Office 软件紧密集成，有 PC 端和手机端，适合中国人的思考方式	免费试用，仅支持 100 个主题
MindMaster	好用，基于云的跨平台思维导图软件，专业与美观并重	免费试用，仅支持 100 个主题
MindManager	好用，可以与微软软件无缝集成，快速转成 Word、PowerPoint、Excel 等格式，很多公司在用，但是在苹果操作系统中不太好用	收费，不能试用

表 3-3 用于收集资料的图书馆和三大资源网比较

资料来源	特点	适合学生
万方数据库	以科技信息为主，兼顾人文	适合工科或理科的学生
维普资讯网	偏重于地方性期刊和研究方面的论文	适合以自然科学和工程技术为主的学生
中国知网	知网资源丰富，期刊类型比较综合	适合所有学生
图书馆	收录大量的优秀期刊	适合本校学生

毕业论文可以边写边排版或写好后再排版。下面是毕业论文写好后的排版过程。

3.2 文档页面设置

文档的页面设置就是设置页面的页边距、纸张方向、纸张大小，以及页眉、页脚距离边界的位置。通常而言，国内大学毕业论文使用纸张大小为 A4，也就是 Word 默认的纸张大小。

二级考点：调整页面布局

1. 页面设置

实训要求：打开原文按题目要求进行操作。纸张方向为纵向，纸张大小为 A4，上、下页边距为 2.5 厘米，左、右页边距为 3 厘米，装订线在左边，对称页边距，设置每行 40 个字符，每页 44 行。

方法指导：

方法 1：单击"布局"→"页面设置"→"纸张方向"/"纸张大小"/"页边距"等，

选择相应的值。

方法2：单击"布局"→"页面设置"→"⌐"，在"页面设置"对话框中进行设置，如图3-3所示。

方法3：双击标尺的灰色区域，在"页面设置"对话框中进行设置。

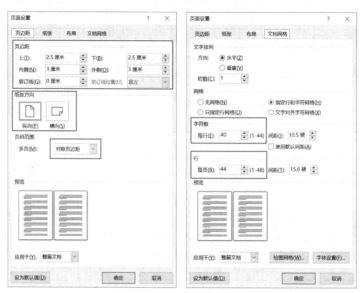

图3-3　"页面设置"对话框

2. 分栏

排版包括通栏和分栏，通栏就是文字从左到右、从上到下在页面上排列，而分栏则是把页面分成多栏进行排列。使用分栏，能够使文本更方便阅读，同时增加版面的活泼性，看起来更加专业。

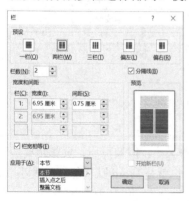

图3-4　"栏"对话框

二级考点：文档的分栏操作

(1)分栏的设置方法：单击"布局"→"页面设置"→"分栏"，可以选择一栏、两栏、三栏、偏左、偏右的预设选项。若要分更多栏，在"栏"对话框中设置栏数、宽度和间距、是否有分隔线，以及应用范围等，如图3-4所示。

(2)取消分栏的方法：单击"布局"→"页面设置"→"分栏"，选择"一栏"。

(3)定制每栏的起始位置的方法：单击"布局"→"页面设置"→"分隔符"→"分栏符"，可以设置光标所在的位置(即插入分栏符的位置)，后面的文字将从下一栏开始。

3.3　封　面　制　作

毕业论文的封面通常包含学校名称、论文题目、院系名称、学生姓名、学号、指导教师姓名等内容。

　　用户既可以 Word 插入内置或 Office.com 中的其他封面，也可以自定义设置封面。本章案例采用自定义设置封面的方法。

1．插入封面

　　用户可以插入 Word 内置的封面或 Office.com 中的其他封面。

　　方法：单击"插入"→"页面"→"封面"，插入内置或 Office.com 中的其他封面。

2．自定义设置封面

　　论文封面内容虽然不多，看似操作简单，但有时添加的下划线总是对不齐，多一个空格长一些，删一个空格短一些。为了美观整齐，通常将内容放入表格中，设置表格的框线来达到对齐效果，让添加的框线整齐、长度一致。

　　实训要求：设置封面，参考"实训 5-样式.docx"，在封面对应位置添加"校徽校名"图片，宽度为 14 厘米，环绕方式为嵌入型。"四川师范大学本科毕业论文"设置为楷体，小二，加粗，居中。论文标题转换为 1 行 1 列的表格，不显示表格线，设置为黑体，二号，加粗，居中。将学生姓名等内容转换为 7 行 2 列的表格。表格居中对齐，内容为楷体，小三，加粗，第 1 列靠下左对齐，第 2 列靠下居中对齐。设置"班级""学号"为 4 字符宽度。设置相应的框线后进一步调整版面，以美观为准。

　　方法指导：

　　(1) 定位光标在文档最前面，单击"插入"→"图片"→"此设备"，选择素材中的图片。单击"格式"→"大小"，设置宽度；单击"格式"→"排列"，设置环绕方式，如图 3-5 所示。

图 3-5　封面的图片设置

　　教师点拨：只有在选中图片的情况下，"格式"选项卡才会出现。刚插入的图片是选中的。图片默认的环绕方式是嵌入型。

　　(2) 选择论文标题，单击"插入"→"表格"→"表格"→"文本转换成表格"，将标题转换为 1 行 1 列的表格，如图 3-6 所示。单击"设计"→"边框"→"边框"→"无框线"。最后设置标题的各种字符格式。

　　(3) 选择学生姓名等内容，单击"插入"→"表格"→"表格"→"文本转换成表格"，转换为 7 行 2 列的表格，如图 3-7 所示。单击"布局"→"单元格大小"→"自动调整"→"根据内容自动调整表格"，让表格刚好显示内容，如图 3-8 所示。

图 3-6　设置论文标题

图 3-7　设置学生姓名等内容

图 3-8 设置自动调整表格

如果表格论文标题表格和学生姓名等内容的表格合并在了一起，选择后面的表格或将光标定位到需要拆分表格的学生姓名所在行的任意位置，单击表格工具的"布局"→"合并"→"拆分表格"来拆分两个表格。

选择表格的第 1 列，单击"设计"→"边框"→"边框"→"无框线"，取消第 1 列的所有框线。选择表格的第 2 列，单击"设计"→"边框"→"边框"→"右框线和上框线"，只保留第 2 列的下框线。

选择第 1 列，单击"布局"→"对齐方式"→"靠下左对齐"。同理设置第 2 列靠下居中对齐。

单击"开始"→"段落"→"中文版式"→"调整宽度"，设置"班级"为 4 字符宽度，如图 3-9 所示。同理设置"学号"的宽度或使用格式刷功能复制格式。

图 3-9 调整宽度

教师点拨：如果调整宽度中的单位是字符，直接输入 4 即可进行宽度调整。如果单位是厘米，直接输入"4 字符"或者先查看 4 个字符的宽度的值后再填入。也可以单击"文件"→"选项"→"高级"→"显示"，在"Word 选项"对话框中设置为相应的度量单位，如图 3-10 所示。

图 3-10 设置度量单位

(4)将光标定位到中文摘要的标题前，单击"布局"→"页面设置"→"分隔符"→"分页符"，进行分页。最后按 Enter 键调整版面，论文的封面效果如图 3-11 所示。

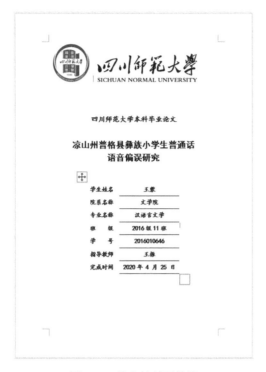

图 3-11　论文的封面效果

3.4　中英文摘要设置

实训要求：设置中英文摘要部分，中文标题前分页，中文标题设置为黑体，20 磅，加粗，居中。中文的专业、学生姓名和指导老师等为黑体，四号，居中。其中"摘要"和"关键词"中文字体为黑体，摘要和关键词的具体内容设置为宋体，都是小四号。英文标题前分页，英文标题设置为 Times New Roman，小二，加粗，居中。标题后内容英文字体为 Times New Roman，小四，"Abstract:"和"Key words:"加粗。

1. 中文摘要设置

中文摘要设置方法如下。

方法 1：选择中文标题，单击"开始"→"字体"→"⌐"，中文标题设置为黑体，20 磅，加粗。同理设置中文的专业、学生姓名和指导老师等为黑体，四号。单击"开始"→"段落"中的对齐方式按钮，设置居中对齐。

方法 2：单击"开始"→"字体"中的字体、字号、粗体按钮，分别设置字符格式。单击"开始"→"段落"中的对齐方式按钮，设置对齐方式。

教师点拨："摘要"和"关键词"中文字体相同，可以同时设置。首先需要同时选择，可以先选择其中一个，再按 Ctrl 键选择另外一个。

2. 英文摘要设置

单击要开始新页的位置，如将光标定位到英文摘要的标题前，单击"布局"→"页面设置"→"分隔符"→"分页符"，或者单击"插入"→"页面"→"分页"，进行分页。最后设置相应的格式。

教师点拨：如果设置了相同的行距，但是英文摘要的间距显示不均匀，就需要进行间距的调整。

方法指导：定位光标到英文摘要，单击"开始"→"段落"→"▫"，取消选中"如果定义了文档网格，则对齐到网格"，如图 3-12 所示。

图 3-12　英文摘要的间距调整

3.5　样　式　设　置

样式是字符格式和段落格式的集合。样式最大的好处是只需设置一次，就能反复使用，避免重复操作，提高排版效率。当你想改文档的标题格式时，应用样式可以一键修改所有的标题，而不需要一个一个地更改。样式是 Word 自动化排版的基础，一键生成目录文档、文档结构导航、Word 一键转 PowerPoint 等都是以套用样式为基础的。

在 Word 中，内置样式是一些样式的集合，这些样式设计为相互搭配，以创建吸引人、具有专业外观的文档。样式包括标题样式、正文样式、图片样式、表格样式等。

Word 中的所选文本应用样式非常简单，在"开始"→"样式"组中，单击所需的样式即可，如图 3-13 所示。如果未显示所需的样式，单击"更多"按钮▼，再单击内置样式库中的一种样式即可。

图 3-13　"开始"选项卡中的"样式"组

设置样式的好处：设置一次，以后修改了样式，全部套用该样式的内容会自动更改。这样可以节约时间，提高效率。

二级考点：应用文档样式和主题

3.5.1　应用样式

实训要求：论文应用 3 级标题样式。1 个数字表示的为标题 1 样式，2 个数字表示的为标题 2 样式，3 个数字表示的为标题 3 样式，"参考文献"、"附录"与"后记"也应用标题 1 标题样式。

方法指导：将光标定位到文档中的 1 个数字编号表示的标题行，如"1.绪论"行，单击"开始"→"样式"→"标题 1"。这样就应用了文档内置的标题 1 样式，标题 1 自动应用内置标题 1 的字符格式和段落格式等。

教师点拨：在没有设置标题样式前，内容默认的样式为正文样式，如图 3-14 所示。

图 3-14　文档的默认样式—正文

问题 1. 在标题后面按 Enter 键后，其他标题自动跳到下一页，这是为什么呢？在显示编辑标记的情况下，应用了样式后标题前有一个小黑点，如果不要，如何去掉？

教师点拨：标题自动跳到下一页和小黑点就意味着样式应用了段落里面的分页功能。

方法指导：单击"开始"→"段落"→"▫"，在如图 3-15 所示的"段落"对话框中取消选中"与下段同页"和"段中不分页"，就没有小黑点，其他标题也不会自动跳到下一页了。

3.5.2　修改样式

修改样式就是通过样式修改格式。如果应用的标题 1 样式和题目要求的标题 1 样式不同，就需要修改样式了。

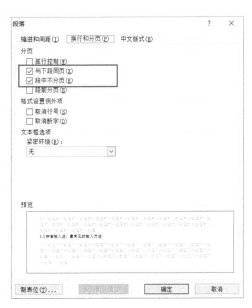

图 3-15　"段落"对话框

实训要求：论文应用标题 3 样式。1 个数字表示的为标题 1 样式：黑体，三号，加粗，段前 17 磅，段后 16.5 磅，2.41 倍行距。2 个数字表示的为标题 2 样式：黑体，四号，加粗，段前段后 13 磅，行距为固定值 20 磅。3 个数字表示的为标题 3 样式：黑体，小四，段前段后 13 磅，行距为固定值 20 磅。其中，"参考文献"、"附录"与"后记"也应用标题 1 样式。

图 3-16　选择"修改"命令

方法指导：

(1)右击"开始"→"样式"→"标题 1"，在快捷菜单中选择"修改"命令，如图 3-16 所示。出现"修改样式"对话框。

(2)在"修改样式"对话框中设置字符格式或者单击"修改样式"对话框左下角的"格式"→"字体"，在"字体"对话框中设置字符格式。单击"修改样式"对话框左下角的"格式"→"段落"，在"段落"对话框中设置段落格式。同时在"段落"对话框中可以看到标题 1 样式的大纲级别自动应用为 1 级，如图 3-17 所示。

教师点拨：选中"自动更新"复选框后，如果一个标题更改格式后，同级别样式的其他标题的样式会全部自动更改，就不用再通过"修改样式"对话框去修改了。如果不选中"自动更新"复选框，就需要到"修改样式"对话框中修改样式。

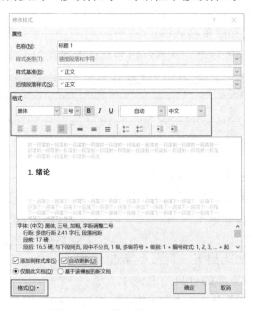

图 3-17　"修改样式"对话框

同理，选择 2 个数字编号表示的标题，应用为标题 2 样式，修改标题 2 为题目要求的字体和段落格式。选择 3 个数字编号表示的标题，应用为标题 3 样式，修改标题 3 样式为题目要求的字体和段落格式。

其他标题样式的应用有两种方法。

方法 1：定位或选择相应的内容，单击"开始"→"样式"，应用相应的标题样式。

方法 2：将光标定位到已设置好样式的标题所在行，双击"开始"→"剪贴板"→"格式刷"，复制格式到其他需要应用标题样式的行。

使用上面的其中任何一种方法都可以应用其他的标题 1 样式、标题 2 样式和标题 3 样式。

注意，"参考文献"、"附录"与"后记"应用标题 1 样式。

问题 2. 怎样快速选择设置了格式或缩进的同级别标题？

方法指导：单击"开始"→"编辑"→"选择"→"选定所有格式类似的文本"。

标题样式设置的过程或是否设置完成，都可以通过导航窗格查看。

显示导航窗格的方法是，单击"视图"→"显示"→"导航窗格"。

实训中部分导航窗格的内容如图 3-18 所示。

教师点拨：使用导航窗格可方便、快速地观察文档大纲，快速定位，调整结构等。如单击导航窗格中的某个标题，可以快速将光标定位到文档中的该标题处。

图 3-18　部分导航窗格的内容

3.5.3　创建样式

标题样式一般是先应用样式，不一致后再修改样式。对于文档来说，除了标题样式以外，余下的内容都默认为正文样式。

正文样式是所有标题样式的基础，一旦修改了正文样式，就会牵一发而动全身，其他设置好的样式可能会跟着改变。所以不能随意修改样式库里面的正文样式，只能创建一种新的正文样式。新建样式不仅可以创建文本样式，还可以给图片创建样式。总之，凡是多个项目需要统一格式的内容，都可以创建样式。

实训要求：正文中的中文字体设置为宋体，英文字体为 Times New Roman，小四，首行缩进 2 字符，行距为固定值 20 磅。

方法指导：

方法 1：单击"开始"→"样式"→"▼"→"创建样式"，出现"根据格式化创建新样式"对话框。在对话框中输入样式名称"正文 1"后确定，样式组中就多了"正文 1"样式，样式就创建好了。右击该样式，在弹出的快捷菜单中单击"修改"命令，设置字符格式和段落格式，如图 3-19 所示。

方法 2：单击"开始"→"样式"→"▼"→"创建样式"，出现"根据格式化创建新样式"对话框。在对话框中输入样式名称，单击"修改"按钮设置字符格式和段落格式，确定后样式就创建好了，如图 3-20 所示。

图 3-19　创建样式"正文 1"后的效果

图 3-20　"根据格式化创建新样式"对话框

应用"正文1"样式到其他需要设置的正文处即可。

问题 3. Word 与 PowerPoint 两款软件可以互相转换吗？

教师点拨：Word 与 PowerPoint 一家亲，所以两款软件可以互相转换，非常方便。只要 Word 里面的文章标题提前设置应用标题样式，那么 Word 转 PowerPoint 几秒钟就可以完成。

方法指导：首先确认文档标题都应用了标题样式，然后重命名文件的扩展名，按 F2 键或右击，在快捷菜单中选择"重命名"命令，把它的扩展名 docx 改成 ppt。注意，一定是 ppt 不能加 x。完成以后直接打开，所有的文档内容都在 PowerPoint 里面。

注意，样式是 Word 自动化排版的基础，只有应用了标题样式，才能自动生成目录，激活导航窗格，实现 Word 一键转 PowerPoint。

问题 4. 级别设置错误，怎样修改级别？

教师点拨：重新选择样式或升级、降级。

方法指导：

方法 1：单击"开始"→"样式"，重新选择相应的级别。

方法 2：单击"开始"→"段落"→"增加缩进量"，样式降一级，双击降二级。单击"开始"→"段落"→"减少缩进量"，样式升一级，双击升二级。

方法 3：按 Tab 键增加缩进量，样式降级；按 Shift+Tab 快捷键减少缩进量，样式升级。

方法 4：单击"视图"→"视图"→"大纲"，在"大纲显示"中通过单击大纲工具中的升级、降级按钮或选择级别等方法进行设置，如图 3-21 所示。

图 3-21　在大纲工具中设置级别

3.6　自动编号设置

编号分手动编号和自动编号两种。区别在于文档中某部分内容增加或减少后，手动编号需要手动调整，而自动编号会自动更新调整，不需要人工干预，提高了工作效率。

3.6.1　编号

定位光标，单击"开始"→"段落"→"编号"，在编号库中选择相应的编号格式或者定义新编号格式。在"定义新编号格式"对话框中设置编号样式和对齐方式等。

注意，在自定义编号格式时，编号格式中的底纹数字千万不能自行更改。因为这个数字代表一个域，Word 系统就是通过识别它来实现自动编号的，如图 3-22 所示。除了带有灰色底纹的编号数字不能手动输入外，其他任何格式都是可以手动编辑的。

教师点拨：定位光标，单击"开始"→"段落"→"项目符号"，同理设置项目符号。

3.6.2　多级列表

多级列表是 Word 提供的实现多级编号功能，但又与编号功能不同，多级列表可以实现不同级别之间的嵌套。如本书中 1 级标题、2 级标题、3 级标题等之间的嵌套，"第 1 章""第 2 章"等属于 1 级标题，"2.1""2.2"等属于 2 级标题，"2.1.2""2.2.3"等属于 3 级标题。

使用多级列表最大的优势在于，更改标题的位置后，编号会自动更新，而手动输入的编号则需要重新修改。

在正式撰写论文的过程中，已经设置了标题样式，可以在创建多级列表时将多级列表级别链接至标题样式。如果创建多级列表时忘记链接了，只要再次打开"定义新多级列表"对话框，重新添加链接即可。

图 3-22　编号设置

实训要求：将文档中的编号设置为多级列表的自动编号。

方法指导：

（1）选择多级列表样式。定位光标，单击"开始"→"段落"→"多级列表"，在列表库中选择相应的多级列表样式，光标所在行就应用了该多级列表样式，如图 3-23 所示。

（2）多级列表和标题样式的链接。单击"开始"→"段落"→"多级列表"→"定义新的多级列表"，先选择级别，然后改它的级别样式；单击"定义新多级列表"对话框左下角的"更多"按钮，可设置多级列表和标题样式的链接等，如图 3-24 所示。

图 3-23　多级列表样式

图 3-24　"定义新多级列表"对话框

多级列表中的级别 1、级别 2、级别 3 的设置如图 3-25 所示。

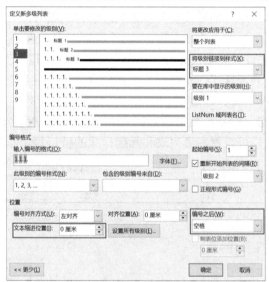

图 3-25　多级列表中的设置

设置完后，所有的手动编号都应用了多级列表编号。

如果调整章节顺序，即编号位置后，编号就会自动更新。

(3) 删除手动编号的方法如下。

方法 1：直接一个一个地手动寻找后删除，费时。

方法 2：单击"视图"→"视图"→"大纲"，将文档从页面视图切换到大纲视图。单击"大纲显示"→"大纲工具"→"显示级别"，分别设置为 1 级、2 级和 3 级，如图 3-26 所示。将标题上的手动编号删除。这样做的原因是相同级别的编号集中显示，便于批量删除和确认。

图 3-26　大纲显示选项卡

教师点拨：取消自动编号或多级列表编号的方法是，单击"开始"→"段落"中的编号按钮或多级列表按钮即可。也就是怎么设置的就怎么取消。

（4）删除完了手动编号之后，单击"大纲显示"→"关闭"→"关闭大纲视图"，切换回页面视图。

3.7　视　图　方　式

视图是 Word 文档在屏幕上的显示方式，Word 提供页面视图、阅读视图、Web 版式视图、大纲视图、草稿视图 5 种显示方式。

二级考点：文档视图的使用

（1）页面视图是 Word 默认的视图方式。在编辑区中所看见的文档内容和最后打印出来的效果一致，也就是常说的 Word"所见即所得"功能。它能显示页边距、页眉、页脚及页码等信息，是编辑过程中最常采用的视图方式。

（2）阅读视图供用户在计算机屏幕上阅读。它以全屏方式显示，利用最大的空间来阅读或批注文档。也可以突出显示内容、修订、添加批注及审阅修订，对字体进行放大与缩小。要退出阅读视图，单击窗口右上角的"关闭"按钮或按 Esc 键。

（3）Web 版式视图是文档在浏览器中显示的外观，包括背景、文字、图形。该视图中没有分页线、页眉页脚等信息，它以适合窗口的宽度自动改变页边距来显示文本。只有垂直滚动条，没有水平滚动条，确保水平方向上文字不会被软件边缘挡住，内容一目了然。

（4）大纲视图主要用于长文档的编辑排版。大纲视图以分级显示符号和缩进方式显示了文档的组织方式，出现"大纲显示"选项卡，显示大纲工具。这种方式便于用户快速查看和重新组织文档结构，在大纲视图中可上下移动标题和文本，通过使用"大纲"工具栏上的按钮来提升或降低标题和文本的级别，通过上、下、左、右拖动分级显示符来重新组织文档。

（5）草稿视图最大限度地显示了文本的内容，整个内容都连续地显示在编辑区中，用户可以很方便地编辑文本。其中，分页符变为一条虚线，不显示页眉页脚，但其图形处理也受到限制。

用户可根据不同情况，采用不同的视图方式。不同视图之间的切换方法如下。

方法 1：单击状态栏上的"视图快捷方式"按钮。

方法 2：单击"视图"→"视图"中的相应视图按钮，如图 3-27 所示。

图 3-27　"视图"选项卡中的各种视图按钮

3.8 制 作 目 录

编辑书籍、毕业论文或以后工作中处理较长的文档时，一般要求创建目录。目录不是人工手动输入的，而是 Word 系统自动创建的，便于修改，提高效率。

目录通常放置在正文前，排版时可以在正文前预留空白页，作为目录页。一般毕业论文显示到 3 级标题。

1. 创建目录的前提条件

制作目录的关键是给文档所有标题应用标题样式。制作图表目录的关键是给所有图、表插入题注。其实大纲级别是 Word 生成目录的唯一依据。虽然设置大纲级别就可以创建自动目录，但建议使用内置大纲级别的标题样式，这样修改格式更方便。方法见 3.5 节。

2. 文档的分页和分节

1）分页符

如果要开始新页，需要插入分页符。分页符分成的不同页面只能设置相同的页眉页脚和版面格式等。插入分页符的方法有三种：

方法 1：在需要分页的位置，按 Ctrl+Enter 快捷键。

方法 2：定位光标到要开始新页的位置，单击"插入"→"页面"→"分页"，进行分页。

方法 3：定位光标到要开始新页的位置，单击"布局"→"页面设置"→"分隔符"→"分页符"。

方法 3 中包括分页符、分栏符和自动换行符 3 种类型的分隔符，其含义如表 3-4 所示。

表 3-4 3 种分隔符的含义

分隔符	含义
分页符	插入分页符后，从光标处的内容起开始新的一页
分栏符	插入分栏符后，分栏符后面的文字将从下一栏开始，但显示效果和分页符没有差别。对文档或某些段落分栏后，Word 文档会在适当的位置自动分栏。若希望某一内容出现在下栏的顶部，则可用插入分栏符的方法实现
自动换行符	通常情况下，文本到达文档页面右边距时，Word 将自动换行。在插入自动换行符后，在插入点位置可以强制断行，换行符显示为灰色↓形状，这与直接按 Enter 键不同，这种方法产生的新行仍将作为当前段的一部分

2）分节符

分节符是在节的结尾插入的标记，是上一节的结束符号，用一条横贯文档版心的双虚线表示。分节符包含节的格式设置元素，如页边距、页面的方向、页眉和页脚，以及页码的顺序。

在同一个文档中，要设置不同的页边距、页面方向、页眉、页脚、页码等，就需要使用分节符来达到目的。分节符主要用于在不同的节中设置不同的版式或格式。将文档分节后，可根据需要设置每节的格式。

单击"布局"→"页面设置"→"分隔符"→"分节符"，其中包括下一页、连续、偶数页、奇数页 4 种分节符的命令，其含义如表 3-5 所示。

表 3-5　分节符命令的含义

分节符	含义
下一页	插入一个下一页分节符，新节从下一页开始。如果在文字之间插入下一页分节符，则在新一页开头位置会出现一个空行，该空行可以手动删除
连续	插入一个分节符，新节从同一页开始。插入连续分节符后可以在同一页面的不同部分存在不同的节格式。可以单独插入连续分节符，然后更改节格式；也可以在执行某些操作后，如执行分栏操作后，在选择的正文前后自动插入两个连续分节符
偶数页	插入一个分节符，新节从下一个偶数页开始。如果下一页是奇数页，那么该页将显示为空白，原内容将从下一个偶数页开始显示；如果下一页是偶数页，则无特殊变化
奇数页	插入一个分节符，新节从下一个奇数页开始。如果下一页是偶数页，那么该页将显示为空白；如果下一页是奇数页，则无特殊变化。插入奇数页分节符可以满足每一章或每一篇首页均为奇数页的排版要求

教师点拨：如果插入分节符后没有显示分节符，可单击"开始"→"段落"→"显示/隐藏编辑标记"按钮，使其处于选中状态即可显示分节符。

问题 5. 插入分节符和分页符后都能实现分页功能，那什么时候用分节符，什么时候用分页符呢？

教师点拨：

(1) 分节符：需要设置不同的页眉、页脚、纸张方向等格式时，插入相应的分节符。

(2) 分页符：仅另起一页显示或录入新内容，页眉、页脚等格式不变时，插入分页符。

3. 生成目录

论文中的目录与前面和后面的内容具有不同的页码、页眉/页脚，所以需要插入分节符。同时目录需要一个新的页面来放置。

实训要求：在"1 绪论"之前插入分节符的下一页，清除格式后输入"目录"二字，设置为宋体，20 磅，加粗，居中。生成目录，设置目录为单倍行距。

方法指导：

(1) 定位光标到需要插入目录的位置，单击"布局"→"页面设置"→"分隔符"→"分节符"→"下一页"，插入分节符的同时产生一个新页。输入"目录"二字并设置格式后按 Enter 键。

(2) 将光标定位到需要生成目录的地方，单击"引用"→"目录"→"目录"，如图 3-28所示。根据需要选择内置目录还是自定义目录。如果设置的目录格式与内置的目录格式一致，选择内置目录；如果不一致，选择自定义目录。大多数情况下都是自定义目录，在"目录"对话框中进行设置，如图 3-29 所示。确定后目录就生成好了。选择目录，设置为单倍行距，让目录内容在一页内显示。

图 3-28　"引用"选项卡中的"目录"按钮

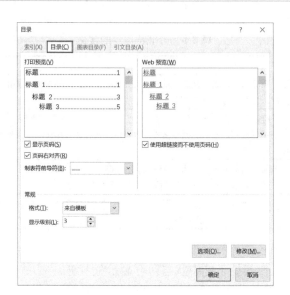

图 3-29　自定义目录的设置

4. 更新目录

如果更改了文档中的标题、内容或页码等，需要使用"更新目录"功能更新目录，以便目录与文档信息一致。

方法 1：单击"引用"→"目录"→"更新目录"，在"更新目录"对话框中选中"只更新页码"或"更新整个目录"复选框，如图 3-30 所示。

方法 2：在目录上右击，在弹出的快捷菜单中选择"更新域"命令，如图 3-31 所示。在"更新目录"对话框中进行设置。

图 3-30　"更新目录"对话框　　图 3-31　快捷菜单中"更新域"命令

方法 3：按 F9 键更新。

教师点拨：Word 中的自动化都是通过域来搭建的。所以每次自动化的内容有修改时，只要更新域就可快速更新内容。F9 键是更新域的快捷键。

3.9　设置页眉和页脚

页眉和页脚是文档中页面的顶部、底部和两侧页边距中的区域。在文档中可以插入、更改或删除页眉和页脚。在页眉和页脚中可以插入或更改文本或图形，如添加页码、时间、日期、公司徽标、文档标题、文件名等。

教师点拨：页边距是页面上打印区域之外的空白区域。

Word 提供了空白的页眉及多个设置好的页眉样式，插入页眉后，文档中所有的页面都会显示该页眉。如果要插入不同的页眉，可以先使用分节符将文档分为不同的节，再单独设置页眉。

二级考点：文档页眉和页脚的设置

实训要求：为目录页添加页脚，用大写罗马数字（Ⅰ、Ⅱ、Ⅲ……）编号，从 1 开始。目录前的页面不设置页码。论文正文页眉、页脚文字居中对齐，其中奇数页页眉为论文标题，偶数页页眉为"四川师范大学本科毕业论文"。在页脚处添加阿拉伯数字页码，编号从 1 开始。

3.9.1　页脚的设置

页码一般显示在页脚位置。

1. 插入相同的页脚

单击"插入"→"页眉和页脚"→"页码"→"页面底端"按钮，选择需要的页码格式，如图 3-32 所示。

2. 创建不同节的页脚

当页脚包含多种页码格式时，需要在不同的节插入不同的页脚。所以需要先插入分节符，并手动取消"链接到前一节"，断开各节页脚之间的联系。

方法指导：

（1）插入分节符，单击"布局"→"分隔符"→"分节符"→"下一页/连续"命令。选择"下一页"命令会产生空页面，选择"连续"命令不会产生空页面。

（2）在目录页双击页脚处，或单击"插入"→"页眉和页脚"→"页脚"→"编辑页脚"，进入页脚编辑状态。页面底端显示不同的节与状态，左侧显示"页脚-第 2 节"，"页眉-第 3 节"字样，右侧显示"与上一节相同"字样，如图 3-33 所示。

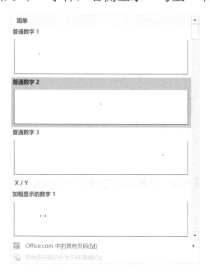

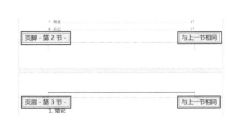

图 3-32　直接插入页码的方法　　　　　　图 3-33　分节后的页脚和页眉

(3) 单击"页眉和页脚工具"→"设计"→"导航"→"链接到前一节",断开新节中页脚与前一节中的页脚之间的链接,以便更改不同节的页脚或创建新的页脚,如图 3-34 所示。

图 3-34 "设计"选项卡中的"链接到前一节"按钮

(4) 单击"设计"→"页眉和页脚"→"页码"→"设置页码格式",如图 3-35 所示。将目录的页码格式设置为罗马数字格式,起始页码从 I 开始。如果页码已经显示出来,就完成了。如果没有显示页码,单击"设计"→"页眉和页脚"→"页码"→"页面底端",选择相应位置的页码格式。

(5) 将光标定位到目录前一页的页脚处,删除页码。

方法 1: 按 Backspace 键删除光标前的页码。

方法 2: 按 Delete 键删除光标后的页码。

(6) 退出页眉页脚状态。

方法 1: 双击正文。

方法 2: 单击"设计"→"关闭"→"关闭页眉和页脚"按钮。

3. 不同节的页码连续设置

(1) 定位光标,双击页脚进入页脚编辑状态。

(2) 单击"设计"→"页眉和页脚"→"页码"→"设置页码格式",将页码编号设置为"续前节",如图 3-36 所示。

(3) 双击正文退出页脚编辑状态。

图 3-35 设置页码格式(一)

图 3-36 设置页码格式(二)

4. 删除页脚

单击"插入"→"页眉和页脚"→"页脚"→"删除页脚",页脚就从文档中删除了。

3.9.2　页眉的设置

1. 首页不显示页眉

有封面的文档，封面不需要显示页眉。设置首页不显示页眉的操作，首先需要双击页眉进入页眉页脚状态，选中页眉项脚工具"设计"→"选项"→"首页不同"复选框。

2. 插入相同的页眉

(1)进入页眉编辑状态。

方法 1：双击页眉处。

方法 2：单击"插入"→"页眉和页脚"→"页眉"→"编辑页眉"按钮。

(2)输入页眉处的文本或插入页眉处的页码、图形。

(3)退出页眉编辑状态。

方法 1：双击正文。

方法 2：单击"设计"→"关闭"→"关闭页眉和页脚"。

3. 创建不同节的页眉

当页眉不同时，需要在不同的节插入不同的页眉，所以需要先插入分节符，并手动取消"链接到前一节"，断开各节页眉之间的联系。

方法指导：

(1)插入分节符，单击"布局"→"分隔符"→"分节符"→"下一页/连续"命令。

(2)在创建不同页眉或页脚的节内双击页眉处，或单击"插入"→"页眉和页脚"→"页眉"→"编辑页眉"进入页眉编辑状态。

(3)单击"页眉和页脚工具"→"设计"→"导航"→"链接到前一条页眉"，断开新节中的页眉与前一节中的页眉之间的链接，以便更改不同节的页眉或创建新的页眉。

(4)退出页眉状态。

方法 1：双击正文。

方法 2：单击"设计"→"关闭"→"关闭页眉和页脚"。

4. 插入奇偶页不同的页眉

在书本中，通常会在奇数页的页眉处使用书名，偶数页的页眉处使用章节标题。

(1)设置奇偶页不同。

方法 1：进入页眉状态，单击页眉页脚工具的"设计"→"选项"，选中"奇偶页不同"复选框，如图 3-37 所示。

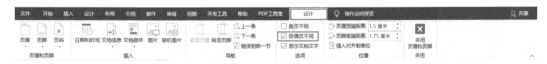

图 3-37　"设计"选项卡中的奇偶页不同设置

方法 2：单击"布局"→"页面设置"→"⌐"，在"页面设置"对话框中的"布局"选项卡中选中"奇偶页不同"复选框，单击"确定"按钮，如图 3-38 所示。

图 3-38　页面设置中的奇偶页不同的设置

（2）分别在奇偶页的页眉处输入或插入不同的页眉，效果如图 3-39 所示。

图 3-39　奇偶页不同页眉的设置效果

5. 删除页眉

单击"插入"→"页眉和页脚"→"页眉"→"删除页眉"，页眉就从整个文档中删除了。

3.10　插　入　题　注

表格上方或图形下方的编号如果是手动编号，不方便用户对题注的更改和更新。表格或图形的自动编号就是题注，如果用户增加或减少表格或图形，题注会自动更新。

二级考点：文档内容的引用操作

3.10.1　插入表格的题注

实训要求：为论文中的表格插入题注，且文档中提到的表格使用交叉引用。

方法指导：

(1)找到第 1 个表格，定位光标到表格的编号处，删除手动编号。单击"引用"→"题注"→"插入题注"，出现"题注"对话框。

(2)在"题注"对话框中显示题注为"图表 1"，不是表格的题注，所以需要设置表格的题注格式。

方法 1：在"题注"对话框中的"标签"处选择相应的格式为"表"，如图 3-40 所示。

方法 2：单击"题注"对话框中的"新建标签"按钮，在"新建标签"对话框中输入标签为"表"，如图 3-41 所示。

图 3-40　表的题注的设置方法 1

图 3-41　表的题注的设置方法 2

(3)这时显示题注为"表 1"。如果表的题注要与章节联系起来，在"题注"对话框中单击"编号"按钮，在"题注编号"对话框中选中"包含章节号"复选框后确定，如图 3-42 所示。包含章节号前题注显示"表 1"，包含章节号后题注显示"表 2-1"，如图 3-43 所示。

图 3-42　表的题注中包含章节号的设置

图 3-43　表的题注的设置效果

问题 6. 如何区别表格的编号是题注的自动编号还是手动编号？

教师点拨：表格题注的自动编号是域，单击题注的自动编号处，显示灰底色。而手动编号则没有灰底色。

问题 7. 题注章节号正常显示的前提条件是什么？

教师点拨：给章节标题设置标题样式，章节标题与多级列表链接。

(4)设置题注的格式，如对齐方式为"居中"。

选择"开始"→"样式"→" "→"题注"并右击，在弹出的快捷菜单中选择"修改"命令。在"修改样式"对话框中设置对齐方式为"居中"后确定，如图 3-44 所示。这样文档中所有的题注都设置为了居中对齐。

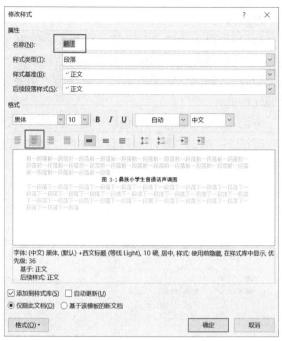

图 3-44　题注对齐方式的设置

问题 8. 题注的对齐方式设置为什么不用单击"开始"→"段落"→"居中"的方法？

教师点拨：因为这种方法设置的只是第 1 个题注的对齐方式。而通过单击"开始"→"样式"→"⌐"→"题注"设置的对齐方式则可以对所有的题注有效，这样有利于提高工作效率。

（5）找到后面的表，单击"引用"→"题注"→"插入题注"后确定，题注会按照表的顺序自动编号，如图 3-45 所示。同理设置后面所有的题注。

问题 9. 题注章节号如何自动更新？

教师点拨：当项目内容变化时，按 F9 键题注编号自动更新。在笔记本电脑上自动更新是按 Fn+F9 键。也可以选择需要更新的全部内容并右击，在弹出的快捷菜单中选择"更新域"命令。

图 3-45　其他表的题注的设置效果

3.10.2　插入图形的题注

实训要求：为论文中的图形插入题注，且文档中提到的图形使用交叉引用。

方法指导：

（1）找到第 1 个图形，定位光标到图形的编号处，删除手动编号。单击"引用"→"题注"→"插入题注"，出现"题注"对话框。

（2）在"题注"对话框中显示题注为"图表 1"，不是需要的图形的题注，所以需要设置图形的题注格式。

方法 1：在"题注"对话框中的"标签"处选择相应的格式为"图"，如图 3-46 所示。

方法 2：单击"题注"对话框中的"新建标签"按钮，在"新建标签"对话框中输入标签为"图"，如图 3-47 所示。

（3）这时显示题注为"图 1"。如果图的题注要与章节号联系起来，在"题注"对话框中单击"编号"按钮，在"题注编号"对话框中选中"包含章节号"复选框后确定，如图 3-48 所示。

图 3-46　图的题注的设置　　　图 3-47　图的题注的设置　　　图 3-48　图的题注中包含
　　　　　　方法 1　　　　　　　　　　方法 2　　　　　　　　　章节号的设置

教师点拨：如何区别图形的编号是题注的自动编号还是手动编号呢？图形的题注的自动编号是域，单击题注的自动编号处，显示灰色的底色。而单击手动编号，没有灰色的底色。

（4）设置题注的格式如对齐方式为居中。选择"开始"→"样式"→" "→"题注"并右击，如图 3-49 所示。在弹出的快捷菜单中选择"修改"命令，在对话框中设置对齐方式为"居中"后确定。这样文档中所有的题注都设置为了居中对齐。

教师点拨：表格题注的对齐方式和图形题注的对齐方式设置相同，都可以修改题注的对齐方式，所以只需要设置其中一个的对齐方式就可以了。

（5）找到后面的图形，单击"引用"→"题注"→"插入题注"后确定，题注会按图形的顺序自动编号，如图 3-50 所示。同理设置后面所有图形的题注。

教师点拨：按 F4 键可以重复前面的设置，用于设置后面所有图形的题注，效率更高。

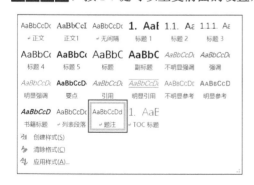

图 3-49　"开始"选项卡中的样式中的"题注"　　　图 3-50　其他图的题注的设置

3.10.3　交叉引用的设置

表格和图形的题注设置好之后，文档中需要引用题注且能自动更新时，就产生了交叉引用。表格交叉引用的前后对比如图 3-51 所示，图形交叉引用的前后对比如图 3-52 所示。

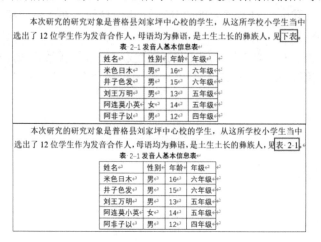

图 3-51　表格交叉引用的前后对比

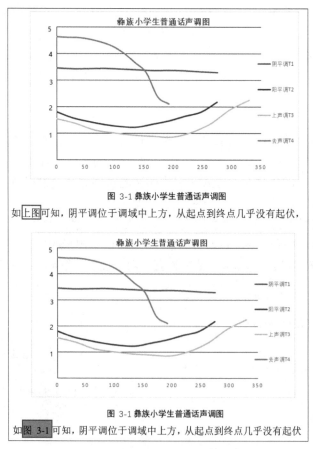

图 3-52　图形交叉引用的前后对比

1. 图形交叉引用的设置

定位光标，删除需要替换的内容，如"上图"，单击"引用"→"题注"→"交叉引用"，在"交叉引用"对话框中设置"引用类型"为"图"，"引用内容"为"仅标签和编号"，"引用哪一个题注"为"图 3-1 彝族小学生普通话声调图"后，单击"插入"按钮，如图 3-53 所示。

教师点拨：图形交叉引用设置的位置一般位于图形下方的段落中。

举一反三：插入其他的表格和图形的交叉引用。

2. 表格交叉引用的设置

定位光标，删除需要替换的内容，如"下表"，单击"引用"→"题注"→"交叉引用"，在"交叉引用"对话框中设置"引用类型"为"表"，"引用内容"为"仅标签和编号"，"引用哪一个题注"为"表 2-1 发音人基本信息表"后，单击"插入"按钮，如图 3-54 所示。

　图 3-53　图形交叉引用的设置　　　　　　图 3-54　表格交叉引用的设置

教师点拨：表格交叉引用设置的位置一般位于表格上方的段落中。

举一反三：插入其他表格的交叉引用。

问题 10. 设置交叉引用的好处是什么呢？

教师点拨：

(1) 文章使用了交叉引用以后，交叉引用编号可以随着题注编号自动更新。

(2) 按住 Ctrl 键，同时单击交叉引用的内容，无论交叉引用插入在文章的哪个位置，都能瞬间跳转到引用对象所在位置。

3.11　插 入 脚 注

脚注是对文档内容进行注释说明，如古文书籍页面下方的注释，一般用于对词语的解释或对语句的解释。

1. 在文档中插入脚注

定位到文档中需要插入脚注的文本之后，单击"引用"→"脚注"→"插入脚注"，在页面最下方的编号后输入脚注内容。同时文档中插入脚注的文本右上角出现脚注上标。

实训要求：将毕业论文 3.2.4 中的【】里面内容插入为脚注。

方法指导：

（1）定位光标到文档中的"……类型"的后面。

（2）单击"引用"→"脚注"→"插入脚注"。

（3）在页脚的脚注编号后输入脚注内容或粘贴复制的内容。

（4）如果脚注的编号不是需要的格式，单击"引用"→"脚注"→"对话框启动器"🔲，在"脚注和尾注"对话框中进行设置，如图 3-55 所示。

设置的效果如图 3-56 所示。

图 3-55　脚注设置

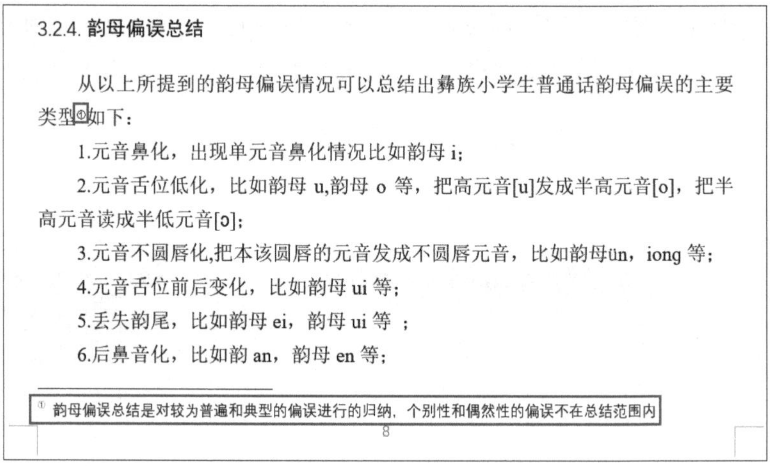

3.2.4. 韵母偏误总结

从以上所提到的韵母偏误情况可以总结出彝族小学生普通话韵母偏误的主要类型①如下：

1.元音鼻化，出现单元音鼻化情况比如韵母 i；

2.元音舌位低化，比如韵母 u，韵母 o 等，把高元音[u]发成半高元音[o]，把半高元音读成半低元音[o]；

3.元音不圆唇化，把本该圆唇的元音发成不圆唇元音，比如韵母ün，iong 等；

4.元音舌位前后变化，比如韵母 ui 等；

5.丢失韵尾，比如韵母 ei，韵母 ui 等；

6.后鼻音化，比如韵 an，韵母 en 等；

---

① 韵母偏误总结是对较为普遍和典型的偏误进行的归纳，个别性和偶然性的偏误不在总结范围内

8

图 3-56　设置脚注的效果

2. 删除脚注

在文档中找到需要删除的脚注编号，选择后按 Backspace 键或 Delete 键删除，与编号相关的脚注会一起被删除。

3.12　参考文献的制作

尾注是说明引用的文献，在论文写作中最为常用，文章尾部的参考文献就是插入的尾注。参考文献采用实引方式，是由注释标记和注释文本相互链接组成的。在正文中使用上标形式标注，并且与文档末尾的参考文献内容形成一一对应关系。删除注释标记，注释文本也会被删除。添加或删除注释标记后，其他注释标记会自动重新编号。

方法：定位到文档中需要插入尾注的文本之后，单击"引用"→"脚注"→"插入尾注"命令，在页面最后的编号后输入尾注内容，同时文档中插入尾注的文本右上角出现尾注上标。

尾注的位置可以在一节或文档的结尾，因此，为保证参考文献页面在致谢页面之前，使用插入尾注的方法创建参考文献时，需要在参考文献和致谢页面之间插入分节符，否则参考文献内容将显示在致谢页面后。

毕业论文写作中快速生成参考文献的方法如表 3-6 所示。

表 3-6　毕业论文写作中快速生成参考文献的方法

资源	方法
中国知网	搜索并打开"中国知网",在文献检索文本框中通过关键词搜索,选择与正文相关的参考文献,将其导出,然后复制并粘贴至 Word 文档中
谷歌学术 百度学术	使用谷歌学术、百度学术直接搜索并导出标准的参考文献格式
参考文献格式生成器	在网络中搜索"参考文献格式生成器",根据提示填入相关内容,即可生成标准格式的参考文献

实训要求：将毕业论文中除了 3.2.4 中的【】里面的内容外,其他【】里面的内容作为参考文献插入文档中的相应位置,编号为[1][2][3]这种格式。参考文献设置为宋体,五号,单倍行距。

方法指导：定位到文档中需要插入尾注的文本之后,单击"引用"→"脚注"→"插入尾注"命令,在文档最后的编号后输入尾注内容,同时文档中插入尾注的文本右上角出现尾注上标。

(1)定位光标到文档中的"……类型"的后面。

(2)单击"引用"→"脚注"→"插入尾注"。

(3)在文档最后的尾注编号后输入尾注内容,或粘贴复制的内容。

同理插入其他的参考文献。

问题 11. 尾注的好处是什么?

教师点拨：尾注编号顺序自动与文章引文前后顺序一致,始终从 1 开始编号。正文与尾注编号相互链接,可以在文档与尾注之间进行快速跳转,提高制作和查看参考文献的效率。双击尾注编号可以快速跳转到对应的正文内容,同理,双击正文的上标数字可以快速跳转到对应的尾注条目。

问题 12. 重复出现的尾注如何插入呢?

不能插入尾注,而是插入交叉引用。

单击"引用"→"题注"→"交叉引用",在"交叉引用"对话框中设置"引用类型"为"尾注","引用内容"为"尾注编号","引用哪一个题注"的信息,单击"插入"按钮如图 3-57 所示。

问题 13. 多处引用同一篇文献的方法是使用交叉引用,那么一处引用多篇文献的方法是插入尾注。如在保留原引文的链接的情况下,如何将[1][2][3][4]设置为[1-4]?

教师点拨：字符隐藏法。

方法指导：选择需要隐藏的内容,如"][2][3]【",单击"开始"→"字体"→"对话框启动器"，在字体对话框中选中隐藏。输入连接符"-",设置成上标的格式。

注意,上标编号虽然在形式上被隐藏,但依然保留原引文的链接。

图 3-57　重复出现的尾注的设置

(4)如果需要修改尾注的编号格式，怎么修改？还有，尾注默认位置是在文档的最后，如果尾注的位置需要在附录的前面，而不是文档的最后，怎么设置呢？

首先需要在附录前单击"布局"→"页面设置"→"分隔符"→"分节符"→"下一页"进行分节，然后单击"引用"→"脚注"→"对话框启动器" ，在"脚注和尾注"对话框中进行设置，如图 3-58 所示。

(5)如果尾注的编号外需要加上常见的"[ ]"，同时设置为非下标，如何设置呢？

定位光标到参考文献后面的尾注处，单击"开始"→"编辑"→"替换"，在"替换"对话框中进行设置：定位光标到"查找内容"列表框内，单击"特殊格式"按钮，选择"尾注标记"；定位光标到"替换为"列表框内，输入"[ ]"，将光标定位到"[ ]"中间，单击"特殊格式"按钮，选择"查找内容"；单击"格式"按钮，取消上标的选中。最后单击"全部替换"按钮完成替换，如图 3-59 所示。

图 3-58　设置尾注位置和编号　　　　　图 3-59　"查找与替换"对话框

参考文献的格式设置后的效果如图 3-60 所示。

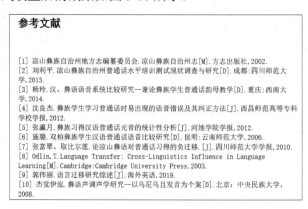

图 3-60　参考文献的格式设置后的效果

(6)文档中的参考文献标记只有上标格式的编号，没有"[ ]"，需要将它们全部替换成有"[ ]"的形式，与尾注的格式一致。定位光标到文档中的第 1 个参考文献的编号处，单击"开始"→"编辑"→"替换"，在"替换"对话框中进行设置：定位光标到"查找内容"列表框内，单击"格式"按钮中的字体命令，在"字体"对话框中选中"上标"复选框；定位光标到"替换为"列表框内，输入"[ ]"，将光标定位到"[ ]"中间，单击"特殊格式"按钮，选择"查找内容"；单击"不限定格式"按钮，取消"替换为"中的格式设置。最后单击"全部替换"按钮完成替换，如图 3-61 所示。其中脚注不需要加"[ ]"，将加上的"[ ]"删除。

图 3-61　"查找与替换"对话框的设置

文档中的参考文献编号替换后的效果如图 3-62 所示。

图 3-62　参考文献编号的格式替换后的效果

问题 14. 查找与替换有哪些功能？

教师点拨：查找与替换具有相同规律的内容，以便进行批量修改或删除内容。如查找与替换文字、文本格式、图片格式、样式或段落标记等特殊格式，利用替换功能，删除多余的空格或空行等。在查找与替换中，通常搭配通配符的使用。通配符"?"代表任意一个字符，"*"代表任意多个字符。

注意，如果要使用通配符，必须在"查找和替换"对话框中选中"使用通配符"复选框才能生效。使用通配符可以批量添加 Tab 键，快速使 A、B、C、D 选项批量对齐。

在使用查找和替换功能时，Word 会自动保存上一次的格式设置记忆。所以在设置新的格式内容时，先检查原来的格式内容是否已经清除。清除方法：光标置于"查找内容"或"替换为"列表框内，单击"不限定格式"按钮即可。

3.13　完善和保存文档

后期处理是排版文档的最后一步，重点在于检查纰漏，并将核对无误的文档用恰当的形式存储，便于查看和分享。

减小视图比例，查看论文的整体情况，并调整不完善的地方，更新目录并保存文档。

1. 快速定位光标

在长文档中如何快速定位光标以便检查文档呢？

教师点拨：单击导航窗格或目录中的标题，或使用长文档编辑的快捷键。

方法指导：

(1) 按住 Ctrl 键并单击目录中的标题。

(2) 单击"视图"→"显示"→"导航窗格"，在导航窗格中单击标题。

(3) 使用长文档编辑的快捷键，如表 3-7 所示。

表 3-7　长文档编辑的快捷键

快捷键	功能	快捷键	功能
Ctrl+Home	快速回到文章的开头	Page Up	上一屏幕
Ctrl+End	快速跳到文章的末尾	Page Down	下一屏幕
Home	行首	Ctrl+Page Up	上一页
End	行尾	Ctrl+Page Down	下一页

2. 更新目录

更新目录的三种方法如下。

方法 1：单击"引用"→"目录"→"更新目录"，在"更新目录"对话框中设置"只更新页码"或"更新整个目录"。

方法 2：在目录上右击，在弹出的快捷菜单中选择"更新域"命令，在"更新目录"对话框中进行设置。

方法 3：按 F9 键。

3. 显示比例调整

单击"视图"→"缩放"→"多页"，查看文档的整体情况。

4. 完善参考文献

删除参考文献后的横线。

(1) 单击"视图"→"视图"→"大纲"。

（2）单击"引用"→"脚注"→"显示备注"，如图 3-63 所示。在"显示备注"对话框中选择"查看尾注区"后确定，如图 3-64 所示。在页面下方窗格选择"尾注分隔符"，删除尾注横线，如图 3-65 所示；选择"尾注延续分隔符"，再次删除尾注横线。

图 3-63　引用选项卡中的显示备注按钮

图 3-64　"显示备注"对话框　　　　图 3-65　尾注分隔符

（3）单击"视图"→"视图"→"页面视图"，查看效果。

5. 审阅预览文档

二级考点：文档的打印、审阅和修订操作

对后记插入分页符，更新整个目录，设置目录行距为单倍行距，让目录显示在一页中，并删除目录上方的横线。

利用"审阅"选项卡中的命令检查完善文档，减少文档错误，使文档更专业。如单击"审阅"→"校对"→"拼写和语法"进行拼写和语法检查，忽略正确的，更改错误之处。

单击"文件"→"打印"可以预览文档，预览的版面效果即是打印出的实际效果。如果版面不理想，可以重新编辑、调整。如果需要调整标题及其下方的正文内容的位置，可以通过在导航窗格中拖动标题完成，多级列表编号也会自动调整。

6. 保存文档

二级考点：文档的保存和保护操作

1）保存为 Word 默认的 docx 文档

对于一些文档，作者可能不希望别人随意打开或修改其中的内容。Word 提供了打开文档和修改文档两种密码，可以根据需要选择合适的方式来保护文档安全。

方法 1：单击"文件"→"信息"→"保护文档"→"用密码进行加密"，如图 3-66 所示。输入密码后确定，再次确认密码后保存文档，加密完成。

方法 2：单击"文件"→"另存为"→"工具"→"常规选项"。在"常规选项"对话框中设置打开文件时的密码或修改文件时的密码，确定后保存，加密完成，如图 3-67 所示。

图 3-66　加密文档的方法

图 3-67   "常规选项"对话框

教师点拨：使用上述任何一种方法加密的文档，以后再使用时，只有输入正确的密码才能打开文档。

删除文档的密码的操作方法与设置密码的方法相同，删除密码确定后保存文档即可。

2）另存为其他格式的文档

例如，PDF 文档，PDF 文档的优势如下：

（1）不安装 Word 也能查看，传播更方便。

（2）防止他人修改文档。

（3）版式固定，表达更准确。

毕业论文到此处就大功告成了。

3.14   本 章 总 结

长文档排版的思维导图总结如图 3-68 所示。

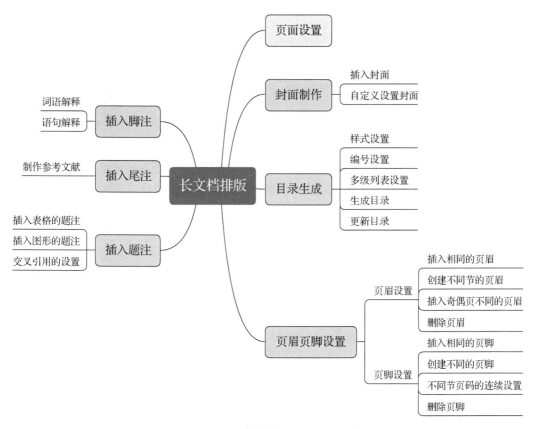

图 3-68　长文档排版的思维导图总结

第4章

文档处理的综合实训

本章以文档处理的综合应用案例为主线，利用前面学习的长文档排版的知识与技巧，实现文档处理软件的综合应用排版。图 4-1 所示为文档处理的综合实训案例的思维导图，供读者学习时参考。综合应用排版样文如图 4-2 所示。

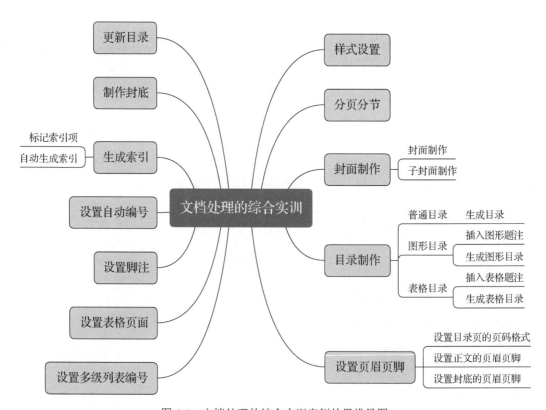

图 4-1　文档处理的综合实训案例的思维导图

图 4-2　综合应用排版样文

4.1　样　式　设　置

二级考点：应用文档样式和主题

实训要求：设置各级标题的样式格式。正文：中文字符为宋体，英文字符为 Times New Roman，小四，段前 7.8 磅，段后 0.5 行，1.2 倍行距，首行缩进 2 个字符。"Windows Vista Ultimate 三个常用的图片功能介绍"为标题 1：中文字符为黑体，英文字符为 Arial，小初，加粗，段前 0 行，段后 0 行，单倍行距。标题 2：黑体，小二，加粗，段前 1 行，段后 0.5 行，1.2 倍行距。标题 3：宋体，三号，段前 1 行，段后 0.5 行，1.73 倍行距。标题 4：黑体，四号，段前 7.8 磅，段后 0.5 行，1.57 倍行距。

实训 4-1

1. 应用样式

打开文档后另存为"其他文档"。利用素材，参照样文进行操作。

首先根据题目和样文中的目录确定各级不同样式的内容。"Windows Vista Ultimate 三个常用的图片功能介绍"为标题 1，1 个数字编号表示的为标题 2，2 个数字编号表示的为标题 3，3 个数字编号表示的为标题 4。其他为正文样式。

方法：将光标定位到要设置为标题 1 的文字"Windows Vista Ultimate 三个常用的图片功能介绍"所在的行，或选择该行，单击"开始"→"样式"→"标题 1"，应用文档内置的标题 1 样式。

2. 修改样式

应用的标题 1 样式和题目要求的标题 1 样式不同，这时就需要修改样式了。

方法：在"开始"→"样式"→"标题 1"右击，在弹出的快捷菜单中选择"修改"命令。在"修改样式"对话框中单击左下角的"格式"→"字体"，设置字符格式。单击左下角的"格式"→"段落"，设置段落格式，同时在"段落"对话框中可以看到"标题 1"样式的大纲级别自动应用为 1 级，如图 4-3 所示。

图 4-3　"修改样式"对话框

选择 1 个数字编号表示的标题，应用为标题 2 样式，修改标题 2 为题目要求的字体和段落格式。

标题 2 样式的应用有两种方法。

方法 1：定位或选择相应的内容，单击"开始"→"样式"→"标题 2"。

方法 2：将光标定位到已设置好样式的标题所在行，双击"开始"→"剪贴板"→"格式刷"，复制格式到其他需要应用标题 2 样式的行。

举一反三：同理选择 2 个数字表示的标题，应用为标题 3 样式，修改标题 3 样式为题目要求的字体和段落格式。同时应用到其他标题 3 样式。选择 3 个数字表示的标题，应用为标题 4 样式，修改标题 4 样式为题目要求的字体和段落格式。同时应用到其他标题 4 样式。

将光标定位到正文中，修改正文样式为题目要求的字体和段落格式。

教师点拨：单击"视图"→"显示"→"导航窗格"，显示导航窗格，查看标题样式设置的过程或标题样式是否设置完成。单击导航窗格中的某个标题，可以快速将光标定位到文档中的该标题处。

3. 复制样式

一份文档里创建好了样式，要想在另一份文档里应用的话，不用重复地创建，直接复制就可以了。这个是计算机二级考试最经常考的一个考点。

（1）打开一份新的 Word 文档。

（2）单击"开始"→"样式"→" ⬚ "，在"样式"对话框中单击"管理样式"按钮，在"管理样式"对话框中单击"导入/导出"按钮，最后在"管理器"对话框中进行设置，如图 4-4 所示。

图 4-4　"管理器"对话框

4.2　制 作 封 面

实训要求：第 1 页为封面页，插入艺术字"Word 实训操作题"，首页不显示页码。第 2 页为子封面页，插入样式为标题 1 的标题"Windows Vista Ultimate 三个常用的图片功能介绍"，该页不显示页码。

实训 4-2

1. 文档的分页分节

二级考点：文档的分页和分节操作

根据题目，第 1 页封面页和第 2 页子封面页不显示页码，第 3、4 页的目录页显示罗马数字格式的页码，正文内容起于第 1 页，结束于第 10 页。所以在不同页码格式处的第 2 页后和正文内容前分别插入分节符。在封面页前插入分页符，产生相同页码格式的子封面页。同理，在目录页后插入分页符，产生相同页码格式的图表目录页。

问题 1. 文档的每一章都另起一页，怎么快速操作？

教师点拨：段前分页。

方法指导：快速选择（选定所有格式类似的文本）+段前分页。

2. 主封面制作

（1）插入艺术字。单击"插入"→"文本"→"艺术字"，选择一种预设的艺术字格式，输入或复制粘贴文字。

（2）选择艺术字边框。单击"格式"→"艺术字样式"→"文字效果"，设置一种"转换"的弯曲格式，如图 4-5 所示。再设置"映像"的一种"映像变体"。最后将艺术字移动到文档中央，效果如图 4-6 所示。

效果如图 4-7 所示。

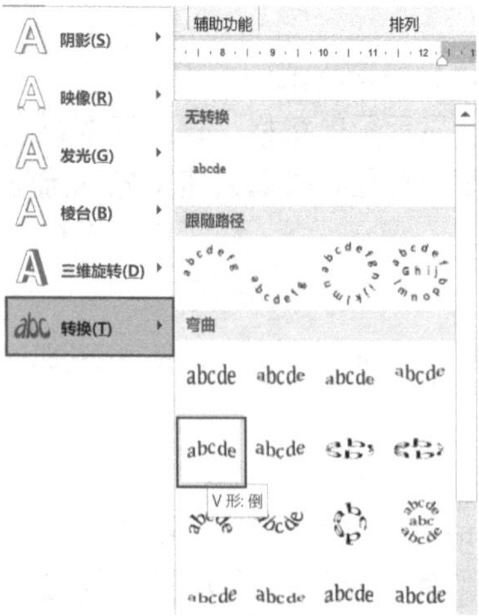

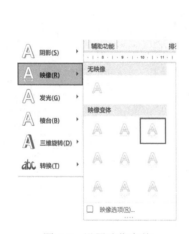

图 4-5　设置弯曲格式

图 4-6　设置映像变体

图 4-7　封面效果

3. 子封面制作

定位光标到标题 1 所在的子封面页，将光标移动到文档中央并双击，输入文本，设置字符格式、段落格式。将光标移动到文档下部的中央并双击，单击"插入"→"文本"→"日期和时间"，插入一种中文日期格式，取消选中"自动更新"复选框，如图 4-8 所示。设置格式完毕，效果如图 4-9 所示。

图 4-8　"日期和时间"对话框

图 4-9　子封面页效果

4.3　制　作　目　录

实训要求：第 3、4 页为目录页，插入目录和图表目录，页码格式为罗马数字格式Ⅰ、Ⅱ。

4.3.1　生成文档目录

实训 4-3

将光标定位到目录页，输入"目录"二字，应用标题 2 样式。

将光标定位到需要生成目录的地方，单击"引用"→"目录"→"目录"→"自定义目录"，在"目录"对话框中进行设置，"显示级别"设置为 4，如图 4-10 所示。在"目录选项"对话框中设置有效样式为标题 2、3、4，如图 4-11 所示。确定后目录就生成好了。

图 4-10　"目录"对话框

图 4-11　"目录选项"对话框

4.3.2　生成图形目录

在目录页后插入分页符，产生一个与目录页具有相同页码格式的空白页。

将光标定位到空白页上，输入图表目录文字，设置为标题 2 样式。

题注主要由题注标签、编号和文字说明 3 部分组成。要生成图表目录，需要先插入图表的题注。

　1. 插入图形的题注

　(1)找到第 1 个图形，定位光标到图形的编号处，删除手动编号。单击"引用"→"题注"→"插入题注"，出现"题注"对话框。

　(2)在"题注"对话框中显示题注为"图表 1"，不是需要的图形的题注，所以需要设置图形的题注格式。单击"题注"对话框中的"新建标签"按钮，在"新建标签"对话框中输入标签"图"，当题注显示为"图 1"后确定。

(3)找到后面的图形，单击"引用"→"题注"→"插入题注"后确定，题注会按照图形的顺序自动编号，如图 4-12 所示。同理设置后面所有图形的题注。

(4)设置题注的格式，如对齐方式为"居中"。

选择"开始"→"样式"→"▾"→"题注"，右击，在弹出的快捷菜单中选择"修改"命令，在对话框中设置对齐方式为"居中"后确定。这样文档中所有的题注都设置为居中对齐。

图 4-12　第 2 个图形的题注的设置效果

　2. 生成图形目录

定位光标到图表目录页，单击"引用"→"题注"→"插入表目录"，在"图表目录"对话框中确认题注标签为"图"后确定，如图 4-13 所示。图形目录就生成了，效果如图 4-14 所示。

图 4-13　设置"题注标签"为"图"　　　　　　　　图 4-14　图形目录效果

4.3.3　生成表格目录

1. 插入表格的题注

插入表格的题注的操作步骤如下：

(1)找到第 1 个表格，定位光标到表格的编号处，删除表格的手动编号。单击"引用"→"题注"→"插入题注"，出现"题注"对话框。

(2)在"题注"对话框中显示题注为"图表 1"，不是表格的题注，所以需要设置表格的题注格式。方法：在"题注"对话框中的"标签"处选择格式为"表"，如果选择不了，单击"题注"对话框中的"新建标签"按钮，在"新建标签"对话框中输入标签"表"，如图 4-15 所示。这时显示题注为"表 1"。

(3)找到第 2 个表，单击"引用"→"题注"→"插入题注"后确定，题注会按照表的顺序自动编号，如图 4-16 所示。同理设置后面所有表格的题注。

图 4-15　新建标签　　　　　图 4-16　第 2 个表的题注的设置效果

2. 生成表格目录

定位光标到图表目录的后面双击，单击"引用"→"题注"→"插入表目录"，在"图表目录"对话框中确认题注标签为"表"后确定，如图 4-17 所示。表格目录就生成了，效果如图 4-18 所示。

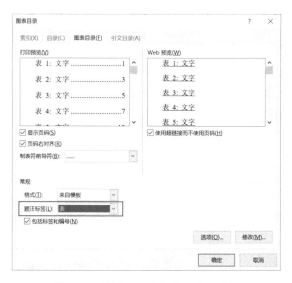

图 4-17　设置"题注标签"为"表"

图 4-18　表格目录效果

4.4　设置页眉和页脚

二级考点：文档页眉、页脚的设置

实训 4-4

实训要求："Windows Vista Ultimate 三个常用的图片功能介绍"的正文内容起于第 1 页，结束于第 10 页，第 10 页为封底。

插入页眉"Windows Vista Ultimate 三个常用的图片功能介绍"，页脚居中插入页码，页码格式为 1，2，3，…。

4.4.1　设置目录页的页码格式

第 1、2 页不显示页码，第 3、4 页的页码格式为罗马数字格式Ⅰ、Ⅱ，与第 1、2 页的页码格式不同。目录页的页码格式设置方法如下。

(1)定位光标到目录页，双击页脚，进入页脚编辑状态。

(2)单击"页眉和页脚工具"中的"设计"→"导航"→"链接到前一条"，断开第 2 节中页脚与第 1 节中页脚之间的链接，以便设置第 2 节的页脚，如图 4-19 所示。

图 4-19　"链接到前一条"按钮

(3)单击"设计"→"页眉和页脚"→"页码"→"页面底端"，选择"普通数字 2"所示的居中对齐的页码格式，如图 4-20 所示。此时的页码格式为阿拉伯数字，不正确。单击"设计"→"页眉和页脚"→"页码"→"设置页码格式"，将目录页的页码格式设置为罗马数字格式，起始页码从Ⅰ开始，如图 4-21 所示。

(4)退出页眉页脚状态。双击正文，或单击"设计"→"关闭"→"关闭页眉和页脚"按钮。

4.4.2　设置正文的页眉和页脚

1. 设置正文的页眉

正文的页眉是"Windows Vista Ultimate 三个常用的图片功能介绍"。设置方法如下。

(1)定位光标到正文的第 1 页，双击页眉，进入页眉编辑状态。

（2）单击"设计"→"导航"→"链接到前一条"，断开正文与目录之间页眉的链接，以便设置正文的页眉。

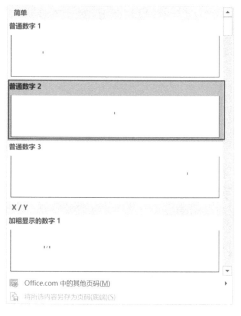

图 4-20　选择页码格式　　　　　　图 4-21　设置页码格式（一）

（3）输入页眉内容或复制粘贴页眉内容。

（4）双击正文，或单击"设计"→"关闭"→"关闭页眉和页脚"按钮，退出页眉编辑状态。

2. 设置正文的页脚

正文内容起于第 1 页，结束于第 10 页。页脚居中插入页码，页码格式为 1，2，3，…。设置方法如下。

（1）定位光标到正文的第 1 页，双击页脚，进入页脚编辑状态。

（2）单击"设计"→"导航"→"链接到前一条"，断开正文与目录之间页脚的链接，以便设置正文的页脚。

（3）单击"设计"→"页眉和页脚"→"页码"→"设置页码格式"，将正文的页码格式设置为阿拉伯数字格式，起始页码从 1 开始，如图 4-22 所示。

（4）双击正文，或单击"设计"→"关闭"→"关闭页眉和页脚"按钮，退出页脚编辑状态。

最后查看页眉和页脚的效果是否正确。

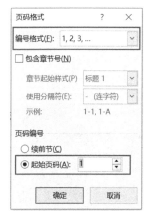

图 4-22　设置页码格式（二）

4.5　设置多级列表编号

实训 4-5

实训要求：为文档添加可自动编号的多级标题，多级标题的样式设置如下。

1	标题 2 样式
1.1	标题 3 样式
1.1.1	标题 4 样式

方法指导：

(1)根据题意，定位光标到"1.查看图片"行，单击"开始"→"段落"→"多级列表"，在列表库中选择相应的多级列表样式，光标所在行就应用了该多级列表样式，如图 4-23 所示。

(2)单击"开始"→"段落"→"多级列表"→"定义新的多级列表"，单击"定义新多级列表"对话框左下角的"更多"按钮，设置多级列表和标题样式的链接。根据题意，多级列表中的级别 1、级别 2、级别 3 分别与标题 2、标题 3、标题 4 链接，设置如图 4-24 所示。

图 4-23　多级列表样式

设置完后，所有的手动编号都应用了多级列表编号。

教师点拨：如果多级列表编号的起始编号不对，需要取消自动编号或多级列表编号，将光标定位到前面不需要编号的行，单击"开始"→"段落"→"编号"，即可取消编号。

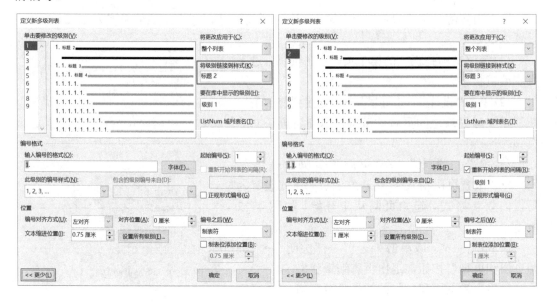

图 4-24　多级列表中的级别 1、2、3 的设置

（3）删除手动编号。

方法 1：直接一个一个地手动查找后删除，费时。

方法 2：单击"视图"→"视图"→"大纲"，将文档从页面视图切换到大纲视图。单击"大纲显示"→"大纲工具"→"显示级别"，分别设置为 1 级、2 级和 3 级，如图 4-25 所示。将标题上的手动编号删除。这样做的好处是相同级别的编号集中显示，便于批量删除和确认。

图 4-25　"大纲显示"选项卡

（4）删除完了手动编号之后，单击"大纲显示"→"关闭"→"关闭大纲视图"，切换回页面视图。

4.6　设置表格页面

实训要求：将表格 1 和表格 2 中的文字设置为五号，所在页面方向设置为横向，并且页边距设置为上、下页边距 1.5cm，左、右页边距 2cm，设置表格的奇数行底纹为"白色，背景 1,深色 5%"。

实训 4-6

方法指导：将表格 1 和表格 2 所在页面方向设置为横向。表格 1 和表格 2 的前后页面方向为纵向。要设置不同的页面方向，需要插入分节符。

分节符用于实现在不同的节中设置不同的页眉和页脚、页边距、纸张大小、纸张方向、页面边框、页码编号、脚注和尾注等版式或格式。

这里需要设置不同的纸张方向，将表格单独放在一个新的页面。

定位光标到"表 1"前，单击"布局"→"页面设置"→"分隔符"→"分节符"→"下一页"命令。定位光标到"表 2"后，单击"布局"→"页面设置"→"分隔符"→"分节符"→"下一页"命令。

注意，在表格的前后都分节。

设置表格的字符格式、段落格式、纸张方向等。

定位光标到"表 2"前，单击"布局"→"页面设置"→"分隔符"→"分页符"进行分页。

教师点拨：这里为什么不是分节而是分页呢？因为它们的版面方向相同，都是横向。不同的版面方向才分节。

(1)双击"表 2"的一二列间的表格线，调整"表 2"第 1 列的宽度，让表格在一页内显示。

(2)单击"布局"→"页面设置"→"页边距"→"自定义页边距"，在"页面设置"对话框中设置页边距，如图 4-26 所示。

(3)按住 Ctrl 键选择表格的奇数行，单击"设计"→"表格样式"→"底纹"，选择底纹颜色，如图 4-27 所示。同理设置"表 2"奇数行的底纹颜色。

图 4-26　"页面设置"对话框

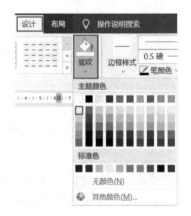

图 4-27　设置表格的底纹颜色

4.7　插入脚注和制表符

1. 插入脚注

实训要求：为正文部分的第 1 页和第 4 页添加脚注。

方法指导：

(1)参考样文，选择 1.2 至图 4 的内容，移动到第 1 页上。

(2)定位光标到设置脚注的地方，单击"引用"→"脚注"→"插入脚注"，这时插入了罗马数字编号的脚注，同时文档中插入脚注的文本右上角出现罗马数字编号的脚注上标。根据题意，需要设置为①②③格式的脚注。单击"引用"→"脚注"→"对话框启动器" ，在"脚注和尾注"对话框中设置后应用，如图 4-28 所示。在文档中剪切脚注内容，在页面最下方的编号后粘贴脚注内容。同理设置第 4 页的脚注。

2. 插入制表符

文本对齐的利器是什么？

文本对齐一般使用制表符(也叫制表位)。常用于试卷中选择题 ABCD 选项的对齐，封面信息下划线的尾端对齐，文本信息的两栏对齐，表格里的小数点对齐等。

方法指导：

方法 1：选择"视图"→"显示"→"标尺"，制表符就会出现在标尺的最左侧的拐角处。单击制表符可以切换它的对齐方式。常用的对齐方式如图 4-29 所示。

选择内容，在标尺上单击添加一个左对齐的制表位，在标尺的最左侧设置对齐方式。然后将光标置于要间隔的文本前，按 Tab 键进行文本对齐。

方法 2：单击"开始"→"段落"→"对话框启动器" ，单击"段落"对话框中的左下角"制表位"按钮，然后在"制表位"对话框中进行制表符的精准添加，如图 4-30 所示。然后将光标置于要间隔的文本前，按 Tab 键进行文本对齐。

图 4-28　脚注设置

图 4-29　制表符的对齐方式

图 4-30　"制表位"对话框

4.8　插入图片并排版

二级考点：文档图片的编辑和处理

实训要求：利用给定的素材图片"图 5.jpg"，在正文部分第 4 页插入图片并进行调整，实现样文中的显示效果。

　　利用给定的素材图片"图 7-1.jpg""图 7-2.jpg""图 7-3.jpg"，在正文部分第 8 页插入图片并进行设置，实现样文中的显示效果。

　　方法指导：定位光标到第 4 页，删除提示文字，单击"插入"→"插图"→"图片"→"此设备"，找到素材图片后确定。

　　二级考点：分析图文素材，并根据需求提取相关信息引用到 Word 文档中

　　图片下方的文本录入方法如下。

　　方法 1：输入图片上的文本。

　　方法 2：打开 QQ，截图文字，单击"屏幕识图"按钮 识别文本，如图 4-31 所示。在"屏幕识图"对话框中单击"复制"按钮后粘贴到图片下方，如图 4-32 所示。

　　(1)给文本插入编号，右击输入法的软键盘，在弹出的快捷菜单中选择"数字序号"命令，在软键盘中插入相应的序号，如图 4-33 所示。

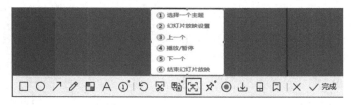

图 4-31　QQ 截图

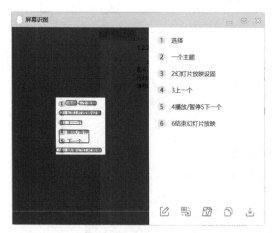

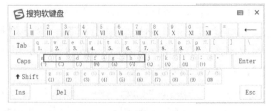

图 4-32　"屏幕识图"对话框　　　　　　图 4-33　数字序号软键盘

　　(2)定位光标到序号①的位置，单击标尺上 3 的位置，按 Tab 键，序号①的内容就显示到标尺 3 对应的位置。定位光标到序号①内容的后面，单击标尺上 7 的位置，先按 Delete 键将序号②的内容显示到与序号①的内容同行，再按 Tab 键，序号②的内容就显示到标尺 7 对应的位置。同理设置后面的内容。

　　(3)选择图片，单击"格式"→"大小"→"裁剪"，裁剪掉图片上的文本。调整图片大小，与样文相同。

举一反三：参照样文，同理设置第 8 页插入的"图 7-1.jpg""图 7-2.jpg""图 7-3.jpg"的文本。

问题 2. 插入的图片显示不出来，怎么办？

教师点拨：图片显示不出来，是因为行间距太小，部分信息被隐藏。调整行距即可。

方法指导：选择图片，设置行距。

问题 3. 鼠键搭配，效率翻倍。常用的快捷键如表 4-1 所示。

表 4-1　常用快捷键

功能	快捷键	功能	快捷键
单倍行距	Ctrl + 1	剪切	Ctrl + X
2 倍行距	Ctr l+ 2	粘贴	Ctrl + V
1.5 倍行距	Ctrl + 5	撤销	Ctrl + Z
全选	Ctrl + A	恢复	Ctrl + Y
复制	Ctrl + C	查找与替换	Ctrl + H

4.9　设置自动编号

实训要求：参照样文设置正文的编号和项目符号。

方法指导：同时打开样文和操作的文档，单击"视图"→"窗口"→"并排查看"，如图 4-34 所示。按 Ctrl+Home 快捷键将光标定位到两个文档的开头，拖动其中 1 个文档的滚动条，同步滚动两个文档，并排查看编号和项目符号的设置情况。

实训 4-9

二级考点：多窗口和多文档的编辑

图 4-34　"视图"选项卡中的并排查看按钮

找到需要设置编号的位置，选择内容，单击"开始"→"段落"→"编号"，在下拉列表中选择相应的编号格式，如图 4-35 所示。

举一反三：同理设置文档中的其他编号。

教师点拨：项目符号的设置与编号的设置方法相同。找到需要设置项目符号的位置，选择内容，单击"开始"→"段落"→"项目符号"旁的■按钮，在下拉列表中选择相应的项目符号格式，如图 4-36 所示。

图 4-35 "开始"选项卡中的编号按钮   图 4-36 "开始"选项卡中的项目符号按钮

4.10 生 成 索 引

一些专业性较强的书籍通常会在书的最后提供一份索引。索引是书中所有重要的词语按照字母的顺序排列而成的列表，同时给出了每个词在书中出现的页码，以便于读者快速找到某个词在书中的具体位置。

在 Word 中创建索引时，将出现在索引中的每个词语称为"索引项"。可以手动创建索引或自动创建索引，这两种方法的主要区别在于让 Word 识别想要出现在索引中的每一个词语的方式。本书介绍手动创建索引的方法。

1. 手动标记索引项

创建索引最简单、最直观的方法是手动标记索引项，即将要出现在索引中的每个词语标记出来，以便让 Word 在创建索引时能够识别这些标记过的内容。标记好所有词语后就可以创建索引了。手动标记索引项的具体操作步骤如下。

打开文档"索引词.txt"，复制第 1 个索引词，将光标定位到需要建立索引的文档开头，单击"开始"→"编辑"→"查找"，在导航窗格里面粘贴内容，查找内容。单击"引用"→"索引"→"标记条目"，如图 4-37 所示。在出现的"标记索引项"对话框中确认主索引项是查找的索引词，单击"标记全部"标记文档中查找的所有索引词，如图 4-38 所示。

举一反三：同理复制第 2 个索引词，查找，标记全部。直到所有的索引词都被标记完后关闭导航窗格。

图 4-37 "引用"选项卡中的"标记条目"按钮

2. 自动生成索引

实训要求：在正文部分第 9 页插入自动生成的索引，格式为"现代"，按拼音排序。索引词请见文档"索引词.txt"。

方法指导：

定位光标到文档最后，单击"布局"→"页面设置"→"分隔符"→"分页符"分页，以便显示索引。

输入"索引"二字，应用标题 2 样式，取消编号，居中显示。

定位光标到下一行，单击"引用"→"索引"→"插入索引"，在"索引"对话框中设置格式为"现代"、按拼音排序后确定，如图 4-39 所示。索引自动生成了，索引效果如图 4-40 所示。

实训 4-10

图 4-38　"标记索引项"对话框

图 4-39　"索引"对话框

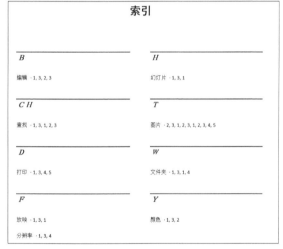

图 4-40　索引效果

4.11　制　作　封　底

实训要求：利用素材图片"office.jpg"制作封底，图片垂直居中显示。封底不显示页眉页脚。

方法指导：定位光标到文档最后，单击"布局"→"页面设置"→"分隔符"→"分节符"→"下一页"，以便设置不同的页眉和页脚。

插入素材图片，定位光标到文档最后，单击"布局"→"页面设置"→"对话框启动器"，在"页面设置"对话框的"布局"选项卡下设置图片垂直居中显示，如图 4-41 所示。

实训 4-11

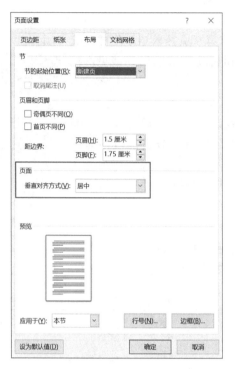

图 4-41　设置图片垂直居中显示

设置封底不显示页眉和页脚。

（1）定位光标到封底，双击页眉，进入页眉编辑状态。单击"设计"→"导航"→"链接到前一条"，断开封底与正文之间页眉的链接。删除封底页眉的内容。

（2）将光标定位到页脚，单击"设计"→"导航"→"链接到前一条"，断开封底与正文之间页脚的链接。删除封底页脚的内容。

（3）双击正文退出页眉和页脚编辑状态。

4.12　完善和保存文档

1. 检查文档

（1）定位光标到实训文档，单击"开始"→"段落"→"显示隐藏编辑标记"，如图 4-42 所示。隐藏索引的编辑标记。

实训 4-12

图 4-42　开始选项卡中的显示隐藏编辑标记按钮

（2）单击"视图"→"窗口"→"并排查看"，拖动滚动条对比查看样文和实训文档。

2．更新目录

插入目录后，对文档重新编辑后内容变化了，页码也变化了，但是目录没有变化。这时更新目录的两种方法如下。

方法 1：单击"引用"→"目录"→"更新目录"，在"更新目录"对话框中设置"更新整个目录"。

方法 2：在目录上右击，在弹出的快捷菜单中选择"更新域"命令，在"更新目录"对话框中设置"更新整个目录"。

插入题注后，对文档重新编辑时，如果添加新的图表并插入题注后，则后续编号会自动更新。但是改变图表的顺序或删除图表后，后续的图表不会自动更新，这时题注的更新方法如下。

按 Ctrl+A 快捷键全选文档，按 F9 键或右击后在弹出的快捷菜单中选择"更新域"命令。

3．设置页码的连续

为了使表格的页码与正文页码连续，设置页码如下。

(1)定位光标到表格页，双击页脚进入页脚状态。

(2)单击"设计"→"页眉和页脚"→"页码"→"设置页码格式"，将页码编号设置为"续前节"，如图 4-43 所示。

图 4-43　页码格式设置

(3)双击正文退出页脚编辑状态。

举一反三：同理设置表格后面的页码为"续前节"。

4．保存文档

(1)单击"保存"按钮保存文档。

(2)单击"视图"→"窗口"→"并排查看"，取消并排查看文档。

4.13　本章总结

文档处理的综合实训的思维导图总结如图 4-44 所示。

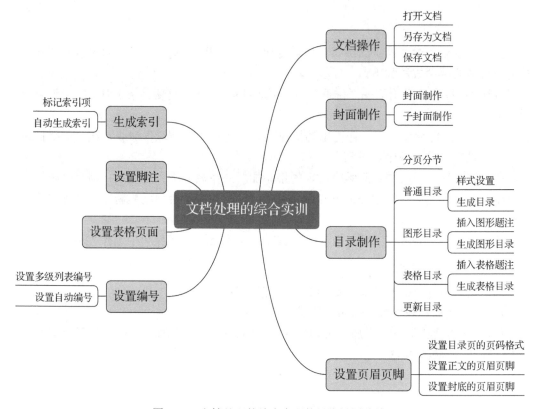

图 4-44　文档处理的综合实训的思维导图总结

4.14　自 测 练 习

实训 4-13

　　在结束 Word 内容的学习之前，不妨举一反三自测一下 Word 的学习效果。如果能快速完成，恭喜你，你已经完成了 Word 的学习，掌握了 Word 的编辑排版功能，可以尽情享受下一个内容的学习乐趣。如果完不成，再认真地学习并总结一下 Word 的内容。

　　自测练习题目：某学校工作人员要制作一份关于课程的介绍邮寄给学生。参考文件夹下的"完成效果 1.jpg"和"完成效果 2.jpg"帮助她完成工作。

　　(1)在文件夹下，打开"实训 6-Word 素材.docx"文件，将其另存为"实训 6-Word.docx"，之后的所有操作均基于此文件。

　　(2)调整纸张大小为 B5(宽 18.2 厘米，高 25.7 厘米)，页边距上、下、左、右各为 1.5厘米。

　　(3)将所有的手动换行符替换为普通的段落标记，并删除所有空行。

　　(4)将从"课程大纲"开始的所有文本移动到第 2 页，并将第 2 页的纸张方向设置为横向。

实训 4-14

　　(5)根据下列要求设置文档内容的格式与样式：

　　① 为标题文本"Access 数据库应用基础"添加一种恰当的文本效果，适当增大其字号。

② 修改标题 1 样式，使其字号为小四，加粗，设置字体颜色为蓝色，并添加下划线；为"课程编号""课程介绍""适用对象""课时""课程大纲"5 个颜色为红色的段落应用标题 1 样式。

③ 修改标题 2 样式，使其字号为小四，加粗，并为"Access 概述""数据表""查询""窗体设计初步""报表设计初步""数据的导入、导出和链接"6 个颜色为绿色的段落应用标题 2 样式。

④ 将文档中所有的中文字体设置为微软雅黑，英文字体设置为 Arial。

⑤ 将标题"课程大纲"下的所有样式为正文的文本按照分号";"转换为独立的段落，并为其添加项目符号"√"。

⑥ 将文档中除了首行标题及样式为标题 1 和标题 2 的内容之外的段落的字体大小修改为五号，并设置段落间距为段前和段后各 0.5 行，对齐方式为两端对齐。

(6)为标题"课程大纲"下方的段落分栏：

① 栏数为 3，且每相邻两栏之间添加分隔线。

② 使得左中右 3 栏分别从标题"Access 概述""查询""报表设计初步"开始。

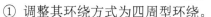
实训 4-15

(7)在文档开头插入图片"data.jpg"，并对其进行如下设置：

① 调整其环绕方式为四周型环绕。

② 不改变图片纵横比，调整图片宽度为与页面同宽。

③ 调整图片位置，使其水平位于页面正中，垂直对齐于页面上边缘。

(8)使用位于文件夹中的"水印.jpg"，按照下列要求为文档添加图片水印：

① 仅为文档第 2 页(标题"课程大纲"及其下方段落所在页面)添加图片水印，并取消冲蚀效果。不改变图片纵横比，将其宽度调整为 3 厘米。

② 图片位置为"底端居左，四周型文字环绕"。

(9)删除文档中所有以字母开头的样式，确认文档共包含两个页面，保存文档，完成对"Word.docx"的操作。

(10)创建一个新的 Word 文档，将其保存到文件夹，文件名为"标签主文档.docx"(.docx 为扩展名)，纸张大小为 A4，方向为横向。按照下列要求创建标签：标签列数为 3 列、行数为 5 行。上边距为 2 厘米、侧边距为 3 厘米。每一标签高度为 3 厘米、宽度为 7.5 厘米。纵向跨度为 3.5 厘米、横向跨度为 8 厘米。

实训 4-16

(11)参考样例效果，并按照下列要求完成标签邮件合并：

① 数据源为文件夹中的"邮寄地址.xlsx"文档。

② 每张标签自上而下分别插入合并域"姓名"、"地址"、"邮编"和"电话"。

③ 姓名之后须根据学员的性别进行判断，如果性别为"男"，则插入"先生"；如果性别为"女"，则插入"女士"。

④ 在"地址"、"邮编"和"电话"3 个合并域之前，插入文本"地址:"、"邮编:"和"电话:"。

⑤ 标签上电话号码的格式应为"xxx-xxxx-xxxx"(前 3 位数字后面和末 4 位数字前面各有一个减号"–")。

⑥ 完成合并，为每位学员生成标签，删除没有实际学员信息的标签内容，并将结果另存为"合并结果.docx"(.docx 为扩展名)。

第5章
Excel 表格的基本操作与格式设置

在学习和办公应用中，我们经常需要对大量的数据信息进行存储和处理，这时就应该想到Excel。Excel 是一款功能强大的电子表格软件，在本教材中，以"学生信息综合管理"项目为实践案例，来逐步学习该软件的基础知识、基本操作，以及公式函数应用及图表处理。图 5-1 是本章内容的知识结构体系的思维导图，学习的时候可以参考。

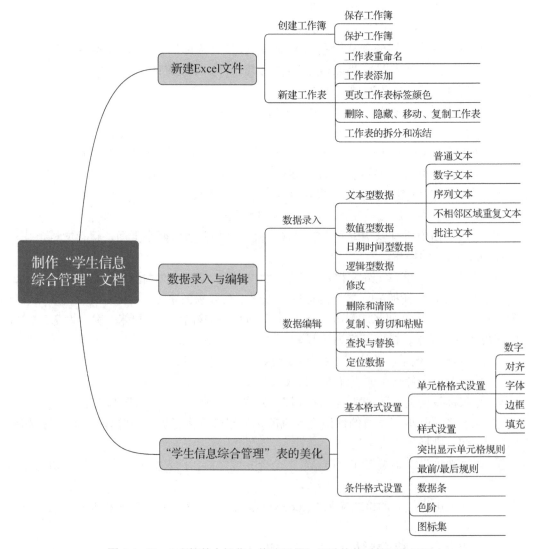

图 5-1　Excel 文档基本操作与格式设置知识结构体系的思维导图

5.1　创建工作簿和工作表

　　工作簿是 Excel 2019 软件保存在硬盘上的默认文件形式，扩展名为.xlsx，由若干张工作表组成；Excel 2019 默认是一个工作表 Sheet1，Sheet1 也称为工作表标签或者该工作表的名字，后续根据需要，可以增加或者删除工作表；工作表由若干个单元格构成，是用户独立操作的最小单位。

　　二级考点：Excel 的基本功能，工作簿和工作表的基本操作，工作视图的控制

5.1.1　工作簿的创建

　　创建工作簿是 Excel 工作的第一步，是其他操作的前提。创建完成后，还需要对工作簿做基本的设置。具体过程如下。

　　(1)新建工作簿。启动 Excel 软件，如图 5-2 所示。单击"开始"→"空白工作簿"。

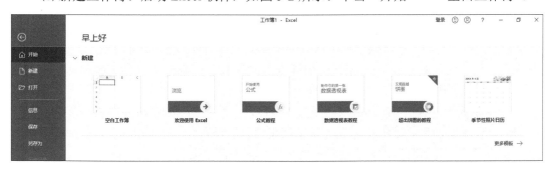

图 5-2　启动 Excel 软件的初始界面

　　(2)保存工作簿。单击"文件"→"保存"或者"文件"→"另存为"，选择合适的位置，更改工作簿文件名为"学生信息综合管理"，如图 5-3 所示。

图 5-3　保存"学生信息综合管理"工作簿

5.1.2　工作表的管理

　　在"学生信息综合管理"工作簿中，默认只有一个工作表 Sheet1。根据需要，本项目

工作表的
管理

实践案例涉及多个工作表及其管理，具体步骤如下。

（1）重命名工作表。右击工作表，在弹出的快捷菜单中选择 Sheet1→"重命名"命令，输入"学生信息表"，按 Enter 键或者在其他区域单击即可确认。

（2）添加新工作表。单击工作表标签后面的 ⊕。

重复上述两个操作，创建 4 个工作表，如图 5-4 所示。

图 5-4　工作表添加和重命名

（3）更改工作表标签颜色。右击标签，在弹出的快捷菜单中选择"学生信息表"→"工作表标签颜色"命令，在级联菜单中可以为工作表标签设置颜色。有 4 种选择：主题颜色、标准色、无颜色及其他颜色（包括所有的标准色或者自定义颜色）。其中无颜色一般用于清空工作表标签颜色。

在本案例中，对 4 个工作表依次设置"橙色，个性色 2，淡色 40%""红色""无颜色""红色 255、绿色 255、蓝色 0"。以"学生获奖信息"表为例，右击表标签，在弹出的快捷菜单中选择"工作表标签颜色"→"其他颜色"→"自定义"→"颜色模式 RGB"→"红色 255、绿色 255、蓝色 0"。4 个工作表标签设置完毕后，如图 5-5 所示。根据以上设置，当右击标签，在快捷菜单中选择"学生获奖信息"命令，选择工作表标签颜色，此时会发现标准色的黄色被选中了，也就是说我们做的 RGB 数字的设置正好合成的是黄色，这个是色彩的合成问题，有兴趣的读者可以尝试用从 0 到 255 的数字来设置 RGB 模式的 3 个颜色。

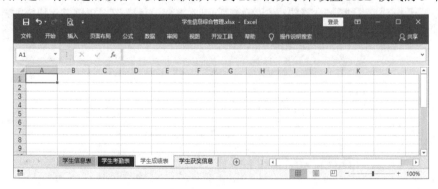

图 5-5　设置表标签颜色

（4）删除、移动或复制、隐藏、保护工作表。右击需要操作的工作表标签，在弹出的快捷菜单中做相应的选择，根据提示操作即可。其中移动与复制工作表的区别在"建立副本"是否选中。

提示：如果需要一次选中多个工作表，可以按 Ctrl 键依次单击表标签。

(5)拆分和冻结工作表。本章案例暂时没涉及这部分内容，只是作为工作表操作的一部分，此处简单描述，详细处理见 6.2.1 节。由于计算机屏幕大小有限，拆分和冻结工作表都是为了更好地查看数据，在"视图"选项卡下完成。工作表的拆分可分为水平拆分(选中第 A 列除第 1 行以外的任意一个单元格，单击"视图"→"窗口"→"拆分"命令，拆成 2 个窗口)、垂直拆分(选中第 1 行除 A 列以外的任意一个单元格，单击"视图"→"窗口"→"拆分"，拆成 2 个窗口)和水平垂直同时拆分(将活动单元格放在除第 A 列和第 1 行以外的任意一个单元格，单击"视图"→"窗口"→"拆分"，拆成 4 个窗口)3 种。

任何一种情况，第 1 次单击"视图"→"窗口"→"拆分"，第 2 次单击"取消拆分"功能。

窗口冻结分为冻结首行、冻结首列和冻结拆分窗格 3 种。同理单击"视图"→"窗口"→"冻结窗格"下拉列表中的"取消冻结窗格"命令，可取消窗口的冻结状态。

5.1.3　数据录入与编辑

1. 数据录入

当 Excel 工作簿文件及工作表创建完成后，就可以在各个工作表中录入需要的数据信息了。在 Excel 中数据分为 4 种类型，文本型、数值型、日期时间型和逻辑型。在单元格默认对齐方式中，文本型左对齐，数值型和日期型右对齐，逻辑型居中且大写。若要在同一个单元格中另起一行开始录入数据，则按 Alt+Enter 快捷键录入一个换行符。

数据录入

二级考点：工作表数据的录入

打开工作簿文件，单击"学生信息表"标签，此时"学生信息表"是当前的活动工作表。

1)文本型数据录入

文本型数据包括普通文本、数字文本、序列文本、不相邻区域重复文本、批注。

(1)普通文本。输入方法如下：以"学号"录入为例，单击 A1 单元格(A1 是单元格的名称，是该单元格所在的位置，是列在前行在后的描述方式，如图 5-6 所示)，让 A1 单元

图 5-6　单元格的名称框及确认输入方法

格处于光标选中状态，接着录入内容。此时，录入并没有完成，要确认录入内容，文本型确认的方法很多，为了让大家在后续公式和函数部分少出错，此时推荐单击编辑栏的☑按钮或者按 Enter 键的确认。

（2）数字文本。所谓数字文本指的是，以文本格式存放的数字。有两种情况：第 1 种是数字前面有 0 的，比如 00100，软件自动会把左边的 0 省略，显示 100；第 2 种是科学计数法，因为在 Excel 中当数字长度超过 11 位时，第 12 位及以后的数字都将四舍五入，以科学计数法显示，如身份证号 510113200303061267 会在单元格中显示 5.10113E+17，也就是 $5.10113×10^{17}$，如表 5-1 所示。

表 5-1　数字文本的两种情况

数字	软件显示	原因
00100	100	左边的 0 被自动忽略
510113200303061267	5.10113E+17	数字位数超过 11 位用科学计数法显示

解决方案：要想让数字保持录入的格式，需要将这种数字转换为文本型即数字文本的格式。

有两种实现方式：一种是录入数值时先录入英文的单引号（'），或者修改单元格格式为文本型，如表 5-2 所示。

表 5-2　设置数字文本的两种方法

数字	英文单引号	格式设置
00100	'00100	选中一个或者多个单元格，右击设置单元格格式，选
510113200303061267	'510113200303061267	择文本型，正常录入数字即可

教师点拨："学生成绩表"中的"联系方式"列也是数字，且数字位数为 11，在列宽足够的情况下不会以科学计数法显示。但是考虑到这列数字不参与运算，所以在本案例中用数字文本实现。另外，以 X 结尾的身份证号本身就是文本型，所以无数字文本的标识（单元格左上角的绿色三角）。

数字文本其他录入内容如图 5-7 所示。

（3）序列文本。在"学生信息表"中，45 名学生来自 4 个学院，相同学院的学生信息连在一起，对于每个单元格的内容不需要——输入，可以采用填充的方式实现。以文学院学生为例，"曹玲玲"是文学院的第 1 名学生，"文静"是文学院最后一名学生，在 D2 单元格录入"文学院"后，选中 D2 单元格，鼠标移至右下角，当光标变成细"十"字形后，按住鼠标左键往下拖，到"文静"的位置释放鼠标，此时会发现中间单元格全都被"文学院"3 个字填充。同理，可以完成其他学生的学院设置。

教师点拨：数字文本的填充方法也类似，此案例暂时不涉及。需要特别注意的是，数字文本的填充多数不是复制，是按照序列，需要释放鼠标后，在最后一个填充单元格右下角出现的自动填充选项中选择。

（4）不相邻区域重复文本。本例中还有"性别"列也属于文本数据类型，这列的特点是重复率高，但是相同数据又不完全相邻。为了快速录入这类数据，采取的方法是：按住 Ctrl 键，依次选择具有相同内容的单元格（连续的可以直接拖动鼠标选择），如性别为"女"

的这些单元格，选择完毕释放 Ctrl 键，直接输入“女”，此时用户千万不要到处单击，按 Ctrl+Enter 快捷键，这时所有选中的单元格中自动被填充数据“女”。用同样的方法将“性别”列为“男”的信息补充完整。参考数据录入完毕后的内容如图 5-7 所示。

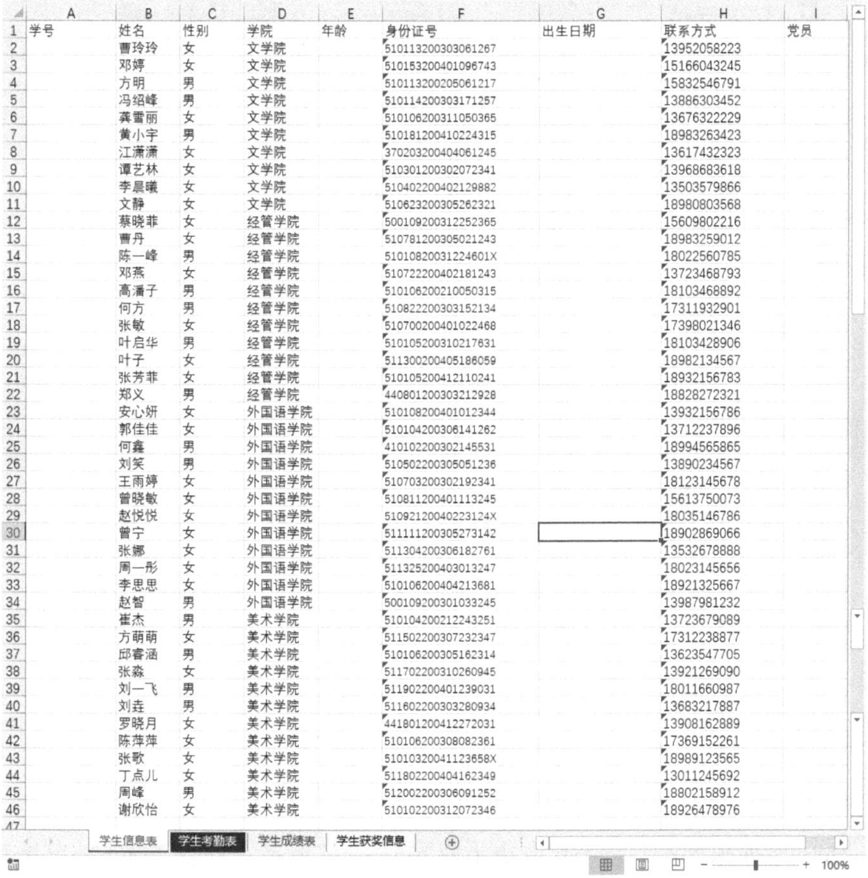

	A	B	C	D	E	F	G	H	I
1	学号	姓名	性别	学院	年龄	身份证号	出生日期	联系方式	党员
2		曹玲玲	女	文学院		510113200303061267		13952058223	
3		邓婷	女	文学院		510153200401096743		15166043245	
4		方明	男	文学院		510113200205061217		15832546791	
5		冯绍峰	男	文学院		510114200303171257		13886303452	
6		龚雪丽	女	文学院		510106200311050365		13676322229	
7		黄小宇	男	文学院		510181200410224315		18983263423	
8		江潇潇	女	文学院		370203200404061245		13617432323	
9		谭艺林	女	文学院		510301200302072341		13968683618	
10		李晨曦	女	文学院		510402200402129882		13503579866	
11		文静	女	文学院		510623200305262321		18980803568	
12		蔡晓菲	女	经管学院		500109200312252365		15609802216	
13		曹丹	女	经管学院		510781200305021243		18983259012	
14		陈一峰	男	经管学院		51010820031224601X		18022560785	
15		邓燕	女	经管学院		510722200402181243		13723468793	
16		高潘子	男	经管学院		510106200210050315		18103468892	
17		何方	男	经管学院		510822200303152134		17311932901	
18		张敏	女	经管学院		510700200401022468		17398021346	
19		叶启华	男	经管学院		510105200310217631		18103428906	
20		叶子	女	经管学院		511300200405186059		18982134567	
21		张芳菲	女	经管学院		510105200412110241		18932156783	
22		郑义	男	经管学院		440801200303212928		18828272321	
23		安心妍	女	外国语学院		510108200401012344		13932156786	
24		郭佳佳	女	外国语学院		510104200306141262		13712237896	
25		何鑫	男	外国语学院		410102200302145531		18994565865	
26		刘笑	男	外国语学院		510502200305051236		13890234567	
27		王雨婷	女	外国语学院		510703200302192341		18123145678	
28		曾晓敏	女	外国语学院		510811200401113245		15613750073	
29		赵悦悦	女	外国语学院		51092120040223124X		18035146786	
30		曾宁	女	外国语学院		511111200305273142		18902869066	
31		张娜	女	外国语学院		511304200306182761		13532678888	
32		周一彤	女	外国语学院		511325200403013247		18023145656	
33		李思思	女	外国语学院		510106200404213681		18921325667	
34		赵智	男	外国语学院		500109200301033245		13987981232	
35		崔杰	男	美术学院		510104200212243251		13723679089	
36		方萌萌	女	美术学院		511502200307232347		17312238877	
37		邱睿涵	男	美术学院		510106200305162314		13623547705	
38		张淼	女	美术学院		511702200310260945		13921269090	
39		刘一飞	男	美术学院		511902200401239031		18011660987	
40		刘垚	男	美术学院		511602200303280934		13683217887	
41		罗晓月	女	美术学院		441801200412272031		13908162889	
42		陈萍萍	女	美术学院		510106200308082361		17369152261	
43		张歌	女	美术学院		51010320041123658X		18989123565	
44		丁点儿	女	美术学院		511802200404162349		13011245692	
45		周峰	男	美术学院		512002200306091252		18802158912	
46		谢欣怡	女	美术学院		510102200312072346		18926478976	

图 5-7　文本格式录入后的界面

(5)批注文本。批注是特殊的文本数据，特殊在位置上，作用是给所在单元格做注释。

在“学生信息表”中，给“江潇潇”所在单元格做一个批注。方法有两种：右击该单元格，插入批注；或者选中该单元格，在“审阅”选项卡中选择“插入批注”，然后录入内容“文学院年龄最小的学生”，最后单击“隐藏批注”(工具在“插入批注”旁边)。

教师点拨：当录入的文本宽度超过单元格宽度时，若右边单元格中没有内容，则会扩展到右列显示；否则，截断显示。

2)数值型数据

Excel 中的数值是指可用于计算的数据，常见的有整数、小数、分数等。数值中还包括+、-、E、e、¥、%、$及小数点(.)和千分位(,)等特殊符号。

在“学生信息表”中，“学号”和“年龄”列均为数值型数据。其中“学号”列的特点是，同一个学院的学生学号依次递增，可以参考文本型序列文本的填充方式，采用序列填充。“年龄”列正常录入即可。参考数据信息如图 5-8 所示。

	A	B	C	D	E	F	G	H	I
1	学号	姓名	性别	学院	年龄	身份证号	出生日期	联系方式	党员
2	2021010101	曹玲玲	女	文学院	18	510113200303061267		13952058223	
3	2021010102	邓婷	女	文学院	17	510153200401096743		15166043245	
4	2021010103	方明	男	文学院	19	510113200205061217		15832546791	
5	2021010104	冯少峰	男	文学院	18	510114200303171257		13886303452	
6	2021010105	龚雪丽	女	文学院	18	510106200311050365		13676322229	
7	2021010106	黄小宇	男	文学院	17	510181200410224315		18983263423	
8	2021010107	江潇潇	女	文学院	17	370203200404061245		13617432323	
9	2021010108	谭艺林	女	文学院	18	510301200302072341		13968683618	
10	2021010109	李晨曦	女	文学院	17	510402200402129882		13503579866	
11	2021010110	文静	女	文学院	18	510623200305262321		18980803568	
12	2021120111	蔡晓菲	女	经管学院	18	500109200312252365		15609802216	
13	2021120112	曹丹	女	经管学院	18	510781200305021243		18983259012	
14	2021120113	陈一峰	男	经管学院	18	51010820031224601X		18022560785	
15	2021120114	邓燕	女	经管学院	17	510722200402181243		13723468793	
16	2021120115	高潘子	男	经管学院	19	510106200210050315		18103468892	
17	2021120116	何方	男	经管学院	18	510822200303152134		17311932901	
18	2021120117	张敏	女	经管学院	17	510700200401022468		17398021346	
19	2021120118	叶启华	男	经管学院	18	510105200310217631		18103428906	
20	2021120119	叶子	女	经管学院	17	511300200405186059		18982134567	
21	2021120120	张芳菲	女	经管学院	17	510105200412110241		18932156783	
22	2021120121	郑义	男	经管学院	18	440801200303212928		18828272321	
23	2021030101	安心妍	女	外国语学院	17	510108200401012344		13932156786	
24	2021030102	郭佳佳	女	外国语学院	18	510104200306141262		13712237896	
25	2021030103	何鑫	男	外国语学院	18	410102200302145531		18994565865	
26	2021030104	刘笑	男	外国语学院	18	510502200305051236		13890234567	
27	2021030105	王雨婷	女	外国语学院	18	510703200302192341		18123145678	
28	2021030106	曾晓敏	女	外国语学院	17	510811200401113245		15613750073	
29	2021030107	赵悦悦	女	外国语学院	17	51092120040223124X		18035146786	
30	2021030108	曾宁	女	外国语学院	18	511111200305273142		18902869066	
31	2021030109	张娜	女	外国语学院	18	511304200306182761		13532678888	
32	2021030110	周一彤	女	外国语学院	17	511325200403013247		18023145656	
33	2021030111	李思思	女	外国语学院	17	510106200404213681		18921325667	
34	2021030112	赵智	男	外国语学院	18	500109200301033245		13987981232	
35	2021271301	崔杰	男	美术学院	19	510104200212243251		13723679089	
36	2021271302	方萌萌	女	美术学院	18	511502200307232347		17312238877	
37	2021271303	邱睿涵	男	美术学院	18	510106200305162314		13623547705	
38	2021271304	张淼	女	美术学院	18	511702200310260945		13921269090	
39	2021271305	刘一飞	男	美术学院	17	511902200401239031		18011660987	
40	2021271306	刘垚	男	美术学院	18	511602200303280934		13683217887	
41	2021271307	罗晓月	女	美术学院	17	441801200412272031		13908162889	
42	2021271308	陈萍萍	女	美术学院	18	510106200308082361		17369152261	
43	2021271309	张歌	女	美术学院	17	51010320041123658X		18989123565	
44	2021271310	丁点儿	女	美术学院	17	511802200404162349		13011245692	
45	2021271311	周峰	男	美术学院	18	512002200306091252		18802158912	
46	2021271312	谢欣怡	女	美术学院	18	510102200312072346		18926478976	
47									
48									

图 5-8　数值型数据录入后的“学生信息表”

教师点拨：如果录入的数字长度小于或等于 11 位但单元格的宽度不够容纳其中的数字时，将以“#####”的形式表示；录入分数时，在整数和分数之间应有一个空格，整数为 0 也不能省略。

3) 日期时间型数据

在 Excel 中，日期型数据用连字符“-”或斜杠“/”分隔日期的年、月、日。例如，输入 2021-5-1 或 2021/5/1。录入当天的日期可按 Ctrl+“;”快捷键来完成。如果更细化到具体时间，用“:”分隔，Excel 默认以 24 小时制计时，若采用 12 小时制，时间后要带上 AM 或 PM，如 19:10:31，7:10:31 PM。可按 Ctrl+Shift+“;”组合键来录入当天日期和当时的时间。

教师点拨：表示时间时，在 AM/PM 与分钟之间应有空格，如 6:20 PM，缺少空格将被当作字符处理。如果要使用默认的日期或时间格式，则单击包含日期或时间的单元格，然后按 Ctrl+Shift+“#”组合键或 Ctrl+Shift+“@”组合键。

“学生信息表”中学生的出生日期采用“/”分隔，按照数据内容直接录入，数据内容如图 5-9 所示。

	A	B	C	D	E	F	G	H	I
1	学号	姓名	性别	学院	年龄	身份证号	出生日期	联系方式	党员
2	2021010101	曹玲玲	女	文学院	18	510113200303061267	2003/3/6	13952058223	FALSE
3	2021010102	邓婷	女	文学院	17	510153200401096743	2004/1/9	15166043245	FALSE
4	2021010103	方明	男	文学院	19	510113200205061217	2002/5/6	15832546791	TRUE
5	2021010104	冯少峰	男	文学院	18	510114200303171257	2003/3/17	13886303452	FALSE
6	2021010105	龚雪丽	女	文学院	18	510106200311050365	2003/11/5	13676322229	FALSE
7	2021010106	黄小宇	男	文学院	17	510181200410224315	2004/10/22	18983263423	FALSE
8	2021010107	江潇潇	女	文学院	17	370203200404061245	2004/4/6	13617432323	FALSE
9	2021010108	谭艺林	女	文学院	18	510301200302072341	2003/2/7	13968683618	FALSE
10	2021010109	李晨曦	女	文学院	17	510402200402129882	2004/2/12	13503579866	FALSE
11	2021010110	文静	女	文学院	18	510623200305262321	2003/5/26	18980803568	FALSE
12	2021120111	蔡晓菲	女	经管学院	18	500109200312252365	2003/12/25	15609802216	FALSE
13	2021120112	曹丹	女	经管学院	18	510781200305021243	2003/5/2	18983259012	TRUE
14	2021120113	陈一峰	男	经管学院	18	51010820031224601X	2003/12/24	18022560785	FALSE
15	2021120114	邓燕	女	经管学院	17	510722200402181243	2004/2/18	13723468793	FALSE
16	2021120115	高潘子	男	经管学院	19	510106200210050315	2002/10/5	18103468892	FALSE
17	2021120116	何方	男	经管学院	18	510822200303152134	2003/3/15	17311932901	FALSE
18	2021120117	张敏	女	经管学院	17	510700200401022468	2004/1/2	17398021346	FALSE
19	2021120118	叶启华	男	经管学院	18	510105200310217631	2003/10/21	18103428906	FALSE
20	2021120119	叶子	女	经管学院	17	511300200405186059	2004/5/18	18982134567	FALSE
21	2021120120	张芳菲	女	经管学院	17	510105200412110241	2004/12/11	18932156783	FALSE
22	2021120121	郑义	男	经管学院	18	440801200303212928	2003/3/21	18828272321	FALSE
23	2021030101	安心妍	女	外国语学院	17	510108200401012344	2004/1/1	13932156786	FALSE
24	2021030102	郭佳佳	女	外国语学院	18	510104200306141262	2003/6/14	13712237896	FALSE
25	2021030103	何鑫	男	外国语学院	18	410102200302145531	2003/2/14	18994565865	FALSE
26	2021030104	刘笑	男	外国语学院	18	510502200305051236	2003/5/5	13890234567	TRUE
27	2021030105	王雨婷	女	外国语学院	18	510703200302192341	2003/2/19	18123145678	FALSE
28	2021030106	曾晓敏	女	外国语学院	17	510811200401113245	2004/1/11	15613750073	FALSE
29	2021030107	赵悦悦	女	外国语学院	17	51092120040223124X	2004/2/23	18035146786	FALSE
30	2021030108	曾宁	女	外国语学院	18	511111200305273142	2003/5/27	18902869066	FALSE
31	2021030109	张娜	女	外国语学院	18	511304200306182761	2003/6/18	13532678888	FALSE
32	2021030110	周一彤	女	外国语学院	17	511325200403013247	2004/3/1	18023145656	FALSE
33	2021030111	李思思	女	外国语学院	17	510106200404213681	2004/4/21	18921325667	FALSE
34	2021030112	赵智	男	外国语学院	18	500109200301033245	2003/1/3	13987981232	FALSE
35	2021271301	崔杰	男	美术学院	19	510104200212243251	2002/12/24	13723679089	FALSE
36	2021271302	方萌萌	女	美术学院	18	511502200307232347	2003/7/23	17312238877	TRUE
37	2021271303	邱睿涵	男	美术学院	18	510106200305162314	2003/5/16	13623547705	FALSE
38	2021271304	张淼	女	美术学院	18	511702200310260945	2003/10/26	13921269090	FALSE
39	2021271305	刘一飞	男	美术学院	17	511902200401239031	2004/1/23	18011660987	FALSE
40	2021271306	刘垚	男	美术学院	18	511602200303280934	2003/3/28	13683217887	FALSE
41	2021271307	罗晓月	女	美术学院	17	441801200412272031	2004/12/27	13908162889	FALSE
42	2021271308	陈萍萍	女	美术学院	18	510106200308082361	2003/8/8	17369152261	FALSE
43	2021271309	张歌	女	美术学院	17	51010320041123658X	2004/11/23	18989123565	FALSE
44	2021271310	丁点儿	女	美术学院	17	511802200404162349	2004/4/16	13011245692	FALSE
45	2021271311	周峰	男	美术学院	18	512002200306091252	2003/6/9	18802158912	FALSE
46	2021271312	谢欣怡	女	美术学院	18	510102200312072346	2003/12/7	18926478976	TRUE
47									

图 5-9　“学生信息表”日期时间型数据录入完成后的界面

4) 逻辑型数据

逻辑型数据包括表示“真”(TRUE)和“假”(FALSE)，字母不区分大小写。

在“学生信息表”中，“党员”列用逻辑型数据 TRUE 表示是党员，FALSE 表示不是党员。数据录入完成后的界面如图 5-9 所示。结合文本型数据中不相邻区域重复文本这个内容，可以完成逻辑型数据快速录入。

教师点拨：如果在某个单元格中需要录入小写的 true 或者 false，只需要将单元格格式设置为文本型再输入内容即可。

2. 数据编辑

Excel 工作表中的数据录入完毕后，可以对数据进行修改、删除、复制和移动等操作。

二级考点：工作表数据的编辑和修改

1) 修改数据

对于“学生信息表”，在和原始数据的核对过程中发现“冯绍峰”的名字出现了错误，需要将“冯绍峰”修改为“冯少峰”，此时只需要单击该单元格，直接录入“冯少峰”；也可以双击该单元格，直接修改错误即可。当然，如果不嫌麻烦，也可以单击该单元格，在编辑栏重新录入正确的信息。

2）删除和清除数据

（1）删除数据。对于录入错误的内容可以选中按 Delete 键删除。此时，相当于删除了该单元格的内容，但格式、批注等信息均保留。要想删除整个单元格，需要使用删除工具，如图 5-10 所示。此时可以删除单元格本身，跟它有关系的信息同时被删除。

图 5-10　单元格删除工具

（2）清除数据。清除工具可以让我们有选择性地清除单元格的部分信息，如图 5-11 所示。可以选择性地清除单元格的格式、内容、批注以及超链接等，也可以选择全部清除（可以对"学生信息表"中单元格 B8 中的批注进行清除）。

图 5-11　单元格数据清除工具

3）复制、剪切和粘贴

复制、移动和粘贴操作都可通过"开始"选项卡的"剪贴板"功能区或者鼠标右键操作来完成。

在本案例中，将"学生信息表"中"学号""姓名""性别""学院"列复制到"学生考勤表""学生成绩表""学生获奖信息"3 个工作表中，可利用在 Word 部分所学的基本操作，经过选择——复制——粘贴 3 个步骤完成。

对于 Excel 来讲，增加了"复制为图片"功能及"选择性粘贴"功能，允许选择性粘贴的对象包括数值、公式、批注、有效性验证、加减乘除运算及转置操作等。这些只是在粘贴这步上多一次选择，多练习即可掌握。

教师点拨：如果复制区域中进行了运算操作，粘贴时一定要粘贴数值，否则可能会出现意想不到的错误。

4）查找和替换数据

与 Word 中的查找和替换功能一样，Excel 的查找功能可以找到特定的数据，替换功能可以成批地用新数据替换原数据，减少了数据校对、修改时的工作量。

5）定位数据

如果需要在工作表中快速移动到任意一个单元格或快速查看工作表设计，可以使用 Excel 的定位功能。

5.2　设置工作表格式

基本格式
设置

5.2.1　基本格式设置

Excel 2019 为修饰数据提供了丰富的格式设置命令，利用这些命令可以自定义数据的格式。同样，用户也可以通过 Excel 的自动化功能实现数据的格式化，使工作表的外观更漂亮，排列更整齐，重点更突出。

二级考点：单元格格式操作、数据格式的设置

在本案例中，为了使大家更清楚地看到设置后的效果，首先插入一个新工作表，把"学生信息表"中 A1:I28 区域在新工作表中复制一份，重命名为"学生信息表格式设置"，如图 5-12 所示。

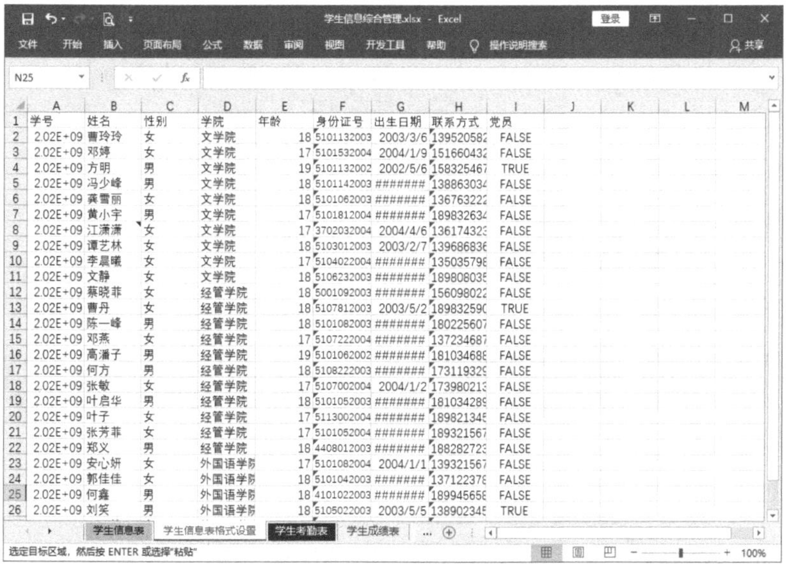

图 5-12　"学生信息表"部分区域复制到"学生信息表格式设置"中

观察图 5-12，A 列"学号"用科学计数法显示，G 列"出生日期"出现了多个"#"。根据之前的介绍，"学号"是数值型，有 10 位，低于临界值 11 位，所以出现科学计数法只有一个原因，那就是列宽不足。另外 G 列也是典型的列宽不足引起的出现"#"的问题。同理，F 列和 H 列明显显示不完整，是数字文本右侧单元格内有数据所引起的内容截断问题。这些问题通过调整列宽就可以解决。

1. 设置单元格格式

1）单元格格式

实训要求：设置"学号"列为文本型，修改"出生日期"列格式为短线"-"分隔的形式，效果如图 5-13 所示。

方法指导：考虑到"学号"列每次复制粘贴容易出现科学计数法的情况，通过将其设置为文本型来解决这个问题。选中需要处理的单元格，在"开始"选项卡下打开"设置单元格格式"对话框，切换到"数字"选项卡，如图 5-14 所示；或者在选中区域上右击，选择"设置单元格格式"命令。用同样的方法，修改"出生日期"列格式为短线"-"分隔的形式。

教师点拨：在设置单元格格式时，除了本例中的文本、日期格式之外，还有若干种其他格式，均可在"数字"选项卡下找到。

图 5-13　对"学号"和"出生日期"列设置单元格格式的效果

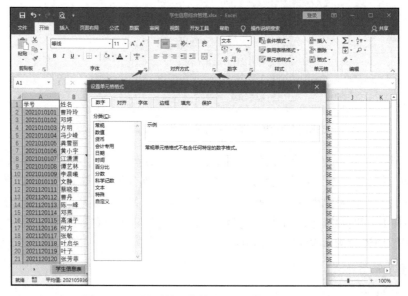

图 5-14　"设置单元格格式"对话框及打开位置

2)基本格式

实训要求:

(1)在"学生信息表格式设置"工作表的最前面插入空行作为标题行,将 A1:I1 区域合并为一个单元格,居中对齐,在单元格中录入文本"学生基本信息",红色,加粗,20 磅,黑体。

(2)标题行行高设置为 30 磅。

(3)删除"外国语学院"的所有学生。

(4)为整个表格加上边框,外框为红色双实线,内线为蓝色单实线。

方法指导:

(1)本实训主要利用以下功能区的功能完成,如图 5-15 所示。

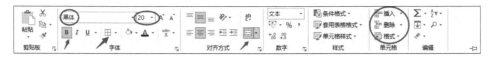

图 5-15 实训要求中需要用到的各个功能菜单

(2)边框工具设置稍微复杂，如图 5-16 所示。在本应用案例中，只用到了图 5-16 中前 3 个步骤，重复一遍即可设置内外线条。

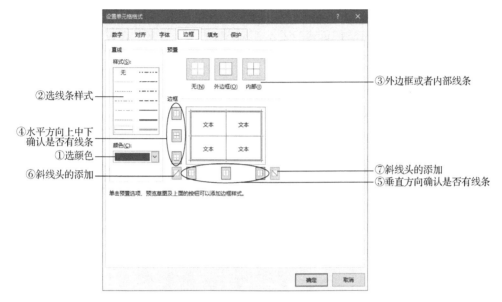

图 5-16 边框设置的具体步骤

基本格式设置最终结果如图 5-17 所示。

学生基本信息

学号	姓名	性别	学院	年龄	身份证号	出生日期	联系方式	党员
2021010101	曹玲玲	女	文学院	18	510113200303061267	2003-03-06	13952058223	FALSE
2021010102	邓婷	女	文学院	17	510153200401096743	2004-01-09	15166043245	FALSE
2021010103	方明	男	文学院	19	510113200205061217	2002-05-06	15832546791	TRUE
2021010104	冯少峰	男	文学院	18	510114200303171257	2003-03-17	13886303452	FALSE
2021010105	龚雪丽	女	文学院	18	510106200311050365	2003-11-05	13676322229	FALSE
2021010106	黄小宇	男	文学院	17	510181200410224315	2004-10-22	18983263423	FALSE
2021010107	江潇潇	女	文学院	17	370203200404061245	2004-04-06	13617432323	FALSE
2021010108	谭艺林	女	文学院	18	510301200302072341	2003-02-07	13968683618	FALSE
2021010109	李晨曦	女	文学院	17	510402200402129882	2004-02-12	13503579866	FALSE
2021010110	文静	女	文学院	18	510623200305262321	2003-05-26	18980803568	FALSE
2021120111	蔡晓菲	女	经管学院	18	500109200312252365	2003-12-25	15609802216	FALSE
2021120112	曹丹	女	经管学院	18	510781200305021243	2003-05-02	18983259012	TRUE
2021120113	陈一峰	男	经管学院	18	51010820031224601X	2003-12-24	18022560785	FALSE
2021120114	邓燕	女	经管学院	17	510722200402181243	2004-02-18	13723468793	FALSE
2021120115	高潘子	男	经管学院	19	510106200210050315	2002-10-05	18103468892	FALSE
2021120116	何方	男	经管学院	18	510822200303152134	2003-03-15	17311932901	FALSE
2021120117	张敏	女	经管学院	17	510700200401022468	2004-01-02	17398021346	FALSE
2021120118	叶启华	男	经管学院	18	510105200310217631	2003-10-21	18103428906	FALSE
2021120119	叶子	女	经管学院	17	511300200405186059	2004-05-18	18982134567	FALSE
2021120120	张芳菲	女	经管学院	17	510105200412110241	2004-12-11	18932156783	FALSE
2021120121	郑义	男	经管学院	18	440801200303212928	2003-03-21	18828272321	FALSE

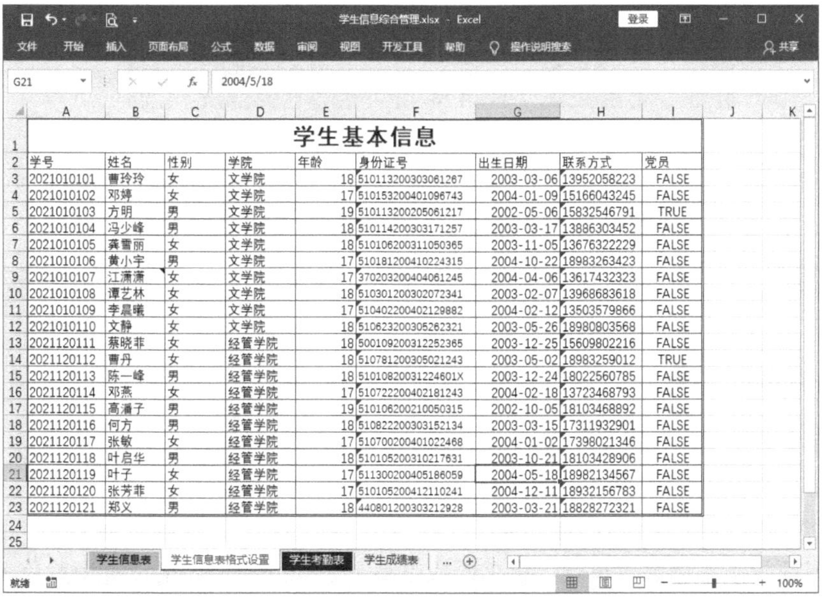

图 5-17 完成所有格式设置要求后的界面

教师点拨：Excel 表格任何地方都可以按照要求添加框线，只需要把要处理的范围选中，成为一个矩形区域，通过"边框"选项卡上边的几个工具即可完成。图 5-16 中的步骤④和⑤相当于开关，单击可以隐藏或者显示对应的线条。

2. 样式设置

实训要求：

（1）对"学生信息表格式设置"工作表中 A2:I23 区域套用表格样式"橙色，表样式中等深浅 10"，并去除筛选标志。

（2）对 I5 和 I14 两个单元格设置"金色、着色 4"的主题单元格样式。

方法指导：

（1）选中需要设置格式的区域，单击"开始"→"样式"→"套用表格样式"，设置完毕后，单击"开始"→"编辑"→"排序和筛选"→"筛选"，去除筛选标记。

（2）按住 Ctrl 键，同时选中 I5 和 I14 单元格，单击"开始"→"样式"→"单元格样式"，选择"金色、着色 4"。效果如图 5-18 所示。

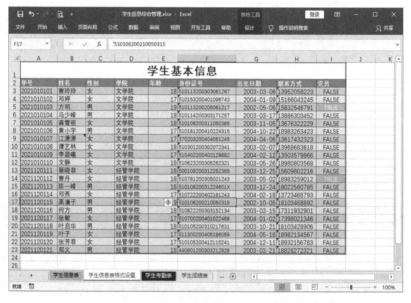

图 5-18 设置单元格样式和自动套用表格格式的效果

教师点拨：如果要按照自己的需求来设置表格样式，可以在套用表格格式下选择"新建表格样式"命令来实现。

5.2.2 条件格式设置

实训要求：

（1）将年龄列小于 18 的学生设置为"绿填充色深绿色文本"格式。

（2）在"出生日期"列后添加"英语"和"计算机"两列，数据来源于"学生成绩表"。将这两列内部线条添加蓝色单线，将英语成绩高于平均分的单元格设置为黄色填充，对计算机成绩设置三色旗的条件格式。

条件格式
设置

方法指导：

(1)选中"年龄"列数据，单击"开始"→"样式"→"条件格式"→"突出显示单元格规则"→"小于"，设置条件。

(2)插入"英语"和"计算机"两列，添加线条后，单击"开始"→"样式"→"条件格式"→"最前/最后规则"→"高于平均值"，设置条件。

结果如图 5-19～图 5-23 所示。

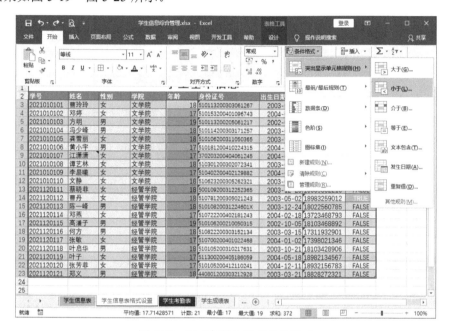

图 5-19　对"年龄"设置条件格式

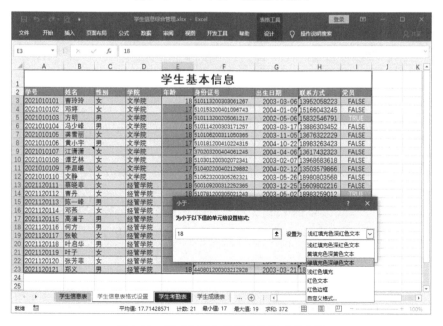

图 5-20　对"年龄"设置条件格式的方法

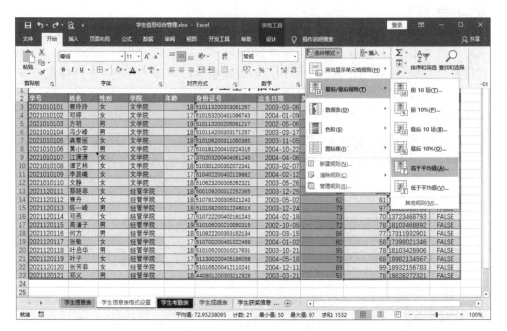

图 5-21　对"英语"设置条件格式

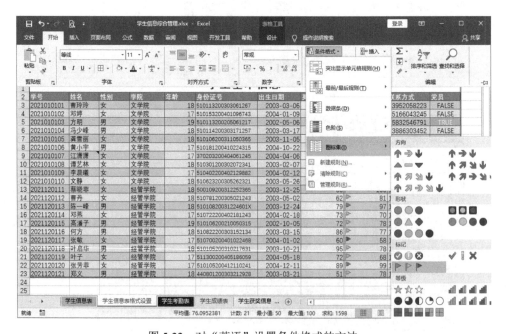

图 5-22　对"英语"设置条件格式的方法

学生基本信息

学号	姓名	性别	学院	年龄	身份证号	出生日期	英语	计算机	联系方式	党员
2021010101	曹玲玲	女	文学院	18	510113200303061267	2003-03-06	78	72	13952058223	FALSE
2021010102	邓婷	女	文学院	17	510153200401096743	2004-01-09	70	66	15166043245	FALSE
2021010103	方明	男	文学院	19	510113200205061217	2002-05-06	50	68	15832546791	TRUE
2021010104	冯少峰	男	文学院	18	510114200303171257	2003-03-17	55	71	13886303452	FALSE
2021010105	龚雪丽	女	文学院	18	510106200311050365	2003-11-05	74	63	13676322229	FALSE
2021010106	黄小宇	男	文学院	17	510181200410224315	2004-10-22	70	87	18983263423	FALSE
2021010107	江潇潇	女	文学院	17	370203200404061245	2004-04-06	96	97	13617432323	FALSE
2021010108	谭艺林	女	文学院	18	510301200302072341	2003-02-07	77	50	13968683618	FALSE
2021010109	李晨曦	女	文学院	17	510402200402129882	2004-02-12	97	75	13503579866	FALSE
2021010110	文静	女	文学院	18	510623200305262321	2003-05-26	70	65	18980803568	FALSE
2021120111	蔡晓菲	女	经管学院	18	500109200312252365	2003-12-25	56	100	15609802216	FALSE
2021120112	曹丹	女	经管学院	18	510781200305021243	2003-05-02	62	81	18983259012	TRUE
2021120113	陈一峰	男	经管学院	18	51010820031224601X	2003-12-24	79	97	18022560785	FALSE
2021120114	邓燕	女	经管学院	17	510722200402181243	2004-02-18	73	70	13723468793	FALSE
2021120115	高潘子	男	经管学院	19	510106200210050315	2002-10-05	72	78	18103468892	FALSE
2021120116	何方	男	经管学院	18	510822200303152134	2003-03-15	86	77	17311932901	FALSE
2021120117	张敏	女	经管学院	17	510700200401022468	2004-01-02	60	58	17398021346	FALSE
2021120118	叶启华	男	经管学院	18	510105200310217631	2003-10-21	95	78	18103428906	FALSE
2021120119	叶子	女	经管学院	17	511300200405186059	2004-05-18	72	68	18982134567	FALSE
2021120120	张芳菲	女	经管学院	17	510105200412110241	2004-12-11	89	99	18932156783	FALSE
2021120121	郑义	男	经管学院	18	440801200303212928	2003-03-21	51	78	18828272321	FALSE

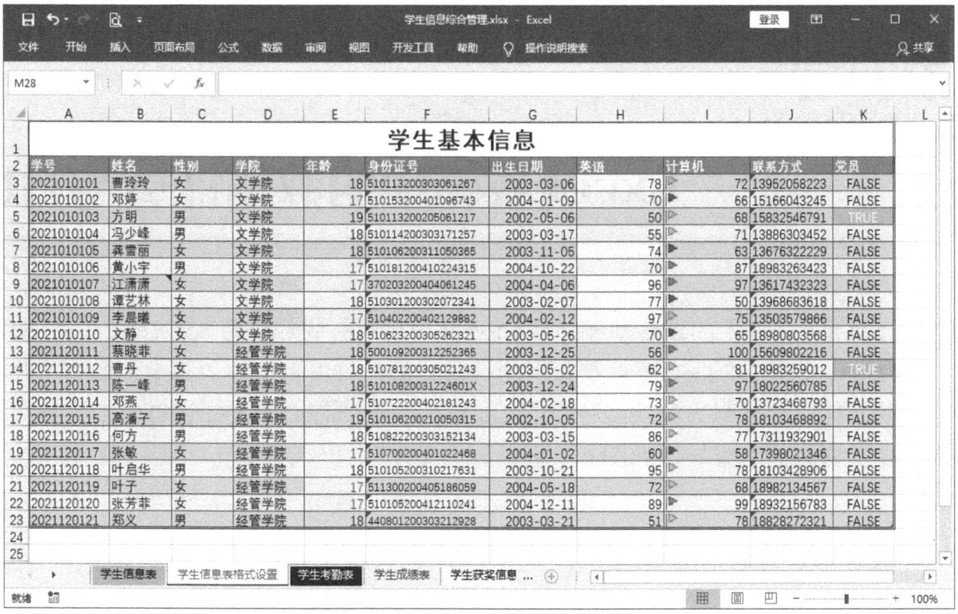

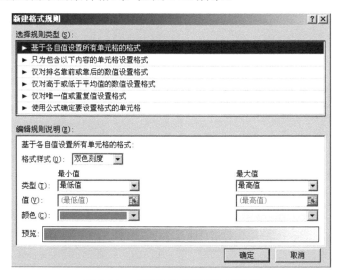

图 5-23　条件格式设置完成的效果

教师点拨：使用“条件格式”→“新建规则”命令，可以打开“新建格式规则”对话框，进一步设置满足需求的条件格式，如图 5-24 所示。

图 5-24　“新建格式规则”对话框

第6章

Excel 表格中的数据计算与打印

　　数据计算是 Excel 中的重要功能之一。Excel 提供了公式和函数两种计算方式，具有强大的计算功能。此外，Excel 还具有强大的打印功能，可根据用户的需求，实现工作表的多种方式的打印。这些强大的功能使得 Excel 成为当今流行的个人计算机数据处理软件。

　　本章相关内容的思维导图如图 6-1 所示。

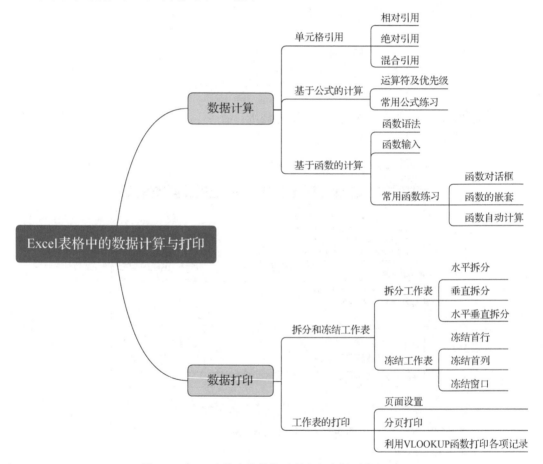

图 6-1　Excel 表格中的数据计算与打印的思维导图

6.1　数 据 计 算

数据计算可使用两种方式：公式和函数。公式是通过单元格中的一系列值、单元格引用、名称或运算符的组合得到计算结果。函数是通过 Excel 预定义的内置公式得到计算结果。公式是函数的基础，函数是 Excel 提供的固定公式。函数是公式里面的一部分，但公式不一定总需要包含函数。

6.1.1　单元格的引用

单元格引用是使用公式和函数的基础。单元格引用是指工作表中单元格地址的使用。通过单元格的引用可以提取工作表中单元格的数据。单元格引用有 3 种类型：相对引用、绝对引用和混合引用。

二级考点：单元格的引用

1. 相对引用

相对引用是指公式中所引用的单元格随着公式在工作表中位置的变化而变化，是 Excel 默认的单元格引用方式。在进行相对引用时，只需直接输入单元格地址。

例如：在“学生成绩表”中，利用公式计算“曹玲玲”的总分，再通过公式填充，实现每名学生的总分计算，如图 6-2 所示。

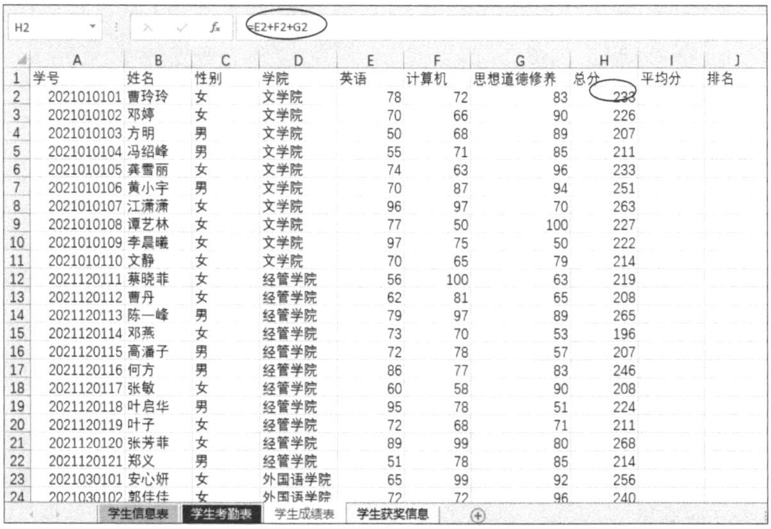

	A	B	C	D	E	F	G	H	I	J
1	学号	姓名	性别	学院	英语	计算机	思想道德修养	总分	平均分	排名
2	2021010101	曹玲玲	女	文学院	78	72	83	233		
3	2021010102	邓婷	女	文学院	70	66	90	226		
4	2021010103	方明	男	文学院	50	68	89	207		
5	2021010104	冯绍峰	男	文学院	55	71	85	211		
6	2021010105	龚雪丽	女	文学院	74	63	96	233		
7	2021010106	黄小宇	男	文学院	70	87	94	251		
8	2021010107	江潇潇	女	文学院	96	97	70	263		
9	2021010108	谭艺林	女	文学院	77	50	100	227		
10	2021010109	李晨曦	女	文学院	97	75	50	222		
11	2021010110	文静	女	文学院	70	65	79	214		
12	2021120111	蔡晓菲	女	经管学院	56	100	63	219		
13	2021120112	曹丹	女	经管学院	62	81	65	208		
14	2021120113	陈一峰	男	经管学院	79	97	89	265		
15	2021120114	邓燕	女	经管学院	73	70	53	196		
16	2021120115	高潘子	男	经管学院	72	78	57	207		
17	2021120116	何方	男	经管学院	86	77	83	246		
18	2021120117	张敏	女	经管学院	60	58	90	208		
19	2021120118	叶启华	男	经管学院	95	78	51	224		
20	2021120119	叶子	女	经管学院	72	68	71	211		
21	2021120120	张芳菲	女	经管学院	89	99	80	268		
22	2021120121	郑义	男	经管学院	51	78	85	214		
23	2021030101	安心妍	女	外国语学院	65	99	92	256		
24	2021030102	郭佳佳	女	外国语学院	72	72	96	240		

图 6-2　单元格的相对引用

2. 绝对引用

绝对引用是指公式引用的单元格不随公式在工作表中位置的变化而变化。在进行绝对引用时，需在单元格地址的行号和列号前都加上“$”符号。

思考：在图 6-2 所示的 H2 单元格中，输入公式“=$E$2+$F$2+$G$2”，再进行公式填充，会出现什么样的计算结果？

3. 混合引用

混合引用是指在单元格地址的行号或列号前加上"$"符号，如$A3、C$5。当公式在工作表中的位置发生改变时，单元格的相对地址部分(没有加"$"符号的部分)会随之改变，而绝对地址部分(加"$"符号的部分)则不变。

思考：在图 6-2 所示的 H2 单元格中，输入公式"=$E2+$F2+$G2"，再进行公式填充，会出现什么样的计算结果？在 H2 单元格中，输入公式"=E$2+F$2+G$2"，再进行公式填充，又会出现什么样的计算结果？

在进行单元格引用时，可按 F4 键在 3 种引用方式间转换，其转换的规律示例如下：A1→$A$1→A$1→$A1→A1。

二级考点：多个工作表的联动操作

单元格引用

实训要求：在"学生成绩表"中计算"总成绩"。"总成绩"是"学生成绩表"中的"总分"与"学生获奖信息表"中"对应分值"的和，具体如图 6-3 所示。

图 6-3 不同工作表之间单元格的引用

教师点拨：如果需要引用同一个工作簿中其他工作表中的单元格，要在输入时引用的单元格前加工作表名和叹号，即"工作表名!单元格地址"。

6.1.2 利用公式进行数据计算

公式由运算符和参与计算的操作数组成。运算符用来连接要运算的数据对象，并说明进行哪种公式运算；操作数可以是常量数值、单元格或引用的区域、标志、名称等。

Excel 中的运算符分为 4 类：算术运算符、文本运算符、比较运算符和引用运算符。

1) 算术运算符

算术运算符主要用于数值计算，包括加法、减法、乘法、除法等，如表 6-1 所示。

表 6-1　算术运算符

算术运算符	含义	举例	算术运算符	含义	举例
+	加法运算	=B2+B3	/	除法运算	=D6/20
-	减法运算	=20-B6	%	百分号	=5%
*	乘法运算	=D3*D4	^	乘方运算	=6^2

2）文本运算符

文本运算符主要用于文本与文本、文本与单元格内容、单元格与单元格内容的连接等，如表 6-2 所示。

表 6-2　文本运算符

文本运算符	含义	举例
&	文本连接运算	= B2&B3
		="总计为: "&G6

3）比较运算符

比较运算符可以完成两个运算对象的比较，并产生逻辑值 TRUE（真）或 FALSE（假），具体如表 6-3 所示。

表 6-3　比较运算符

比较运算符	含义	举例	比较运算符	含义	举例
=	等于	=B2=B3	<>	不等于	=B2<>B3
<	小于	=B2<B3	<=	小于等于	=B2<=B3
>	大于	=B3>B2	>=	大于等于	=B2>=B3

4）引用运算符

引用运算符需要与单元格引用一起用，不同的引用运算符确定了单元格引用的不同范围，具体如表 6-4 所示。

表 6-4　引用运算符

引用运算符	含义	举例
:	区域运算符（引用区域内全部单元格）	=sum(B2:B8)
,	联合运算符（引用多个区域内的全部单元格）	=sum(B2:B5,D2:D5)
空格	交叉运算符（只引用交叉区域内的单元格）	=sum(B2:D3 C1:C5)

4 种运算符的优先级为：

引用运算符>算术运算符>文本运算符>比较运算符

输入公式时必须遵循一个特定的语法或次序：最前面是等号"="或"+"，后面是参与计算的数据对象和运算符。

二级考点：公式的使用

实训要求：在"学生成绩表"中计算出每名学生的平均分数，在"平均分"所在列以"平均分:"+平均分数（整数）显示。

用公式计算
数据

方法指导：

(1)输入公式，如图 6-4 所示。

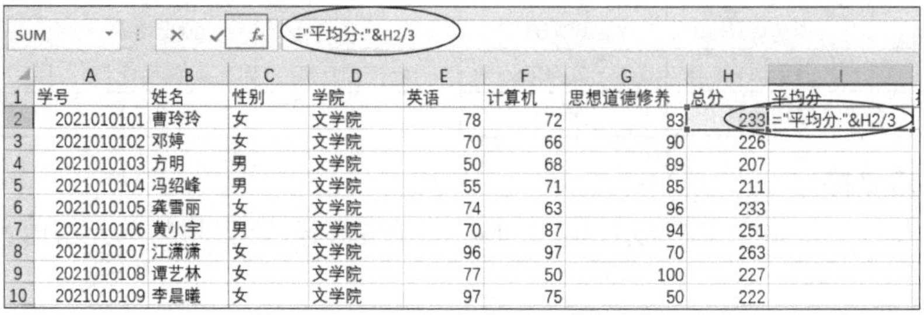

SUM　="平均分:"&H2/3

	A	B	C	D	E	F	G	H	I
1	学号	姓名	性别	学院	英语	计算机	思想道德修养	总分	平均分
2	2021010101	曹玲玲	女	文学院	78	72	83	233	="平均分:"&H2/3
3	2021010102	邓婷	女	文学院	70	66	90	226	
4	2021010103	方明	男	文学院	50	68	89	207	
5	2021010104	冯绍峰	男	文学院	55	71	85	211	
6	2021010105	龚雪丽	女	文学院	74	63	96	233	
7	2021010106	黄小宇	男	文学院	70	87	94	251	
8	2021010107	江潇潇	女	文学院	96	97	70	263	
9	2021010108	谭艺林	女	文学院	77	50	100	227	
10	2021010109	李晨曦	女	文学院	97	75	50	222	

图 6-4　公式的输入

注意：

① 输入公式时，可在单元格内进行输入，也可在输入栏中进行输入。

② 输入文本时，需添加英文状态下的双引号。

③ 输入完成后，可按 Enter 键或单击“√”完成输入。

(2)复制公式，如图 6-5 所示。在复制公式时，可用两种方法：一种是用复制—粘贴功能；另一种是用填充柄完成复制。

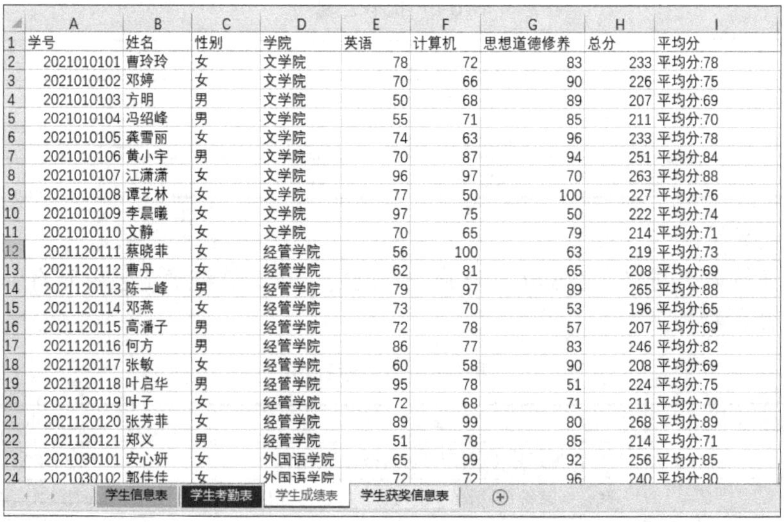

	A	B	C	D	E	F	G	H	I
1	学号	姓名	性别	学院	英语	计算机	思想道德修养	总分	平均分
2	2021010101	曹玲玲	女	文学院	78	72	83	233	平均分:78
3	2021010102	邓婷	女	文学院	70	66	90	226	平均分:75
4	2021010103	方明	男	文学院	50	68	89	207	平均分:69
5	2021010104	冯绍峰	男	文学院	55	71	85	211	平均分:70
6	2021010105	龚雪丽	女	文学院	74	63	96	233	平均分:78
7	2021010106	黄小宇	男	文学院	70	87	94	251	平均分:84
8	2021010107	江潇潇	女	文学院	96	97	70	263	平均分:88
9	2021010108	谭艺林	女	文学院	77	50	100	227	平均分:76
10	2021010109	李晨曦	女	文学院	97	75	50	222	平均分:74
11	2021010110	文静	女	文学院	70	65	79	214	平均分:71
12	2021120111	蔡晓非	女	经管学院	56	100	63	219	平均分:73
13	2021120112	曹丹	女	经管学院	62	81	65	208	平均分:69
14	2021120113	陈一峰	男	经管学院	79	97	89	265	平均分:88
15	2021120114	邓燕	女	经管学院	73	70	53	196	平均分:65
16	2021120115	高潘子	男	经管学院	72	78	57	207	平均分:69
17	2021120116	何方	男	经管学院	86	77	83	246	平均分:82
18	2021120117	张敏	女	经管学院	60	58	90	208	平均分:69
19	2021120118	叶启华	男	经管学院	95	78	51	224	平均分:75
20	2021120119	叶子	女	经管学院	72	68	71	211	平均分:70
21	2021120120	张芳菲	女	经管学院	89	99	80	268	平均分:89
22	2021120121	郑义	男	经管学院	51	78	85	214	平均分:71
23	2021030101	安心妍	女	外国语学院	65	99	92	256	平均分:85
24	2021030102	郭佳佳	女	外国语学院	72	72	96	240	平均分:80

学生信息表　学生考勤表　学生成绩表　学生获奖信息表

图 6-5　公式复制的结果

思考：每名学生的平均分并不是恰好为整数，在同一单元格里既有文本又有数字的情况下，如何调整小数的位数呢？

6.1.3　利用函数进行数据计算

函数是为了方便用户数据运算而预定义的公式。系统提前将实用而复杂的公式预置到系统中，形成函数，用户可以从系统中调出需要的函数，按照规定的格式加以使用。Excel 提供了 12 种类别，大约 400 多个函数。

1. 函数的语法

函数是由函数名和参数组成，函数引用的格式为：

函数名(参数 1,参数 2,参数 3,…)

其中，函数名可以大写，也可以小写，参数可以是常量、单元格引用、区域、区域名、公式或其他函数。

2. 函数的输入

函数输入的方法有两种，即直接输入法和插入函数法。如果对函数比较熟悉，可以在编辑栏或单元格中直接输入函数。如果对函数不太熟悉，可以单击"插入函数"按钮 f_x 进行输入。

二级考点：单元格的引用，函数的使用

实训要求：在"学生成绩表"中计算各科成绩平均分，各科成绩最高分，各科成绩最低分，各科不及格的人数，各科 80 到 95 分之间的人数，对每名学生根据总分进行排名，如图 6-5 所示。在"学生获奖信息表"中完成获奖等级所对应分值的计算，其中一等奖对应 20 分；二等奖对应 10 分；三等奖对应 5 分。

用函数计算
数据

方法指导：

(1)常用的函数有 AVERAGE( )、MAX( )、MIN( )、COUNTIF( )、RANK( )等，可以直接进行输入，分别表示计算平均分、最高分、最低分和计数等，如图 6-6 所示。表格中每名学生的总分，也可以用 SUM( )函数代替公式来实现。另外，数据需使用常用函数进行计算时，可以使用"开始"选项卡中"求和"按钮 Σ · 来完成，如图 6-7 所示。该功能提供了对行和列的快速计算。注意，在选定的区域右边多选一列(实现行的快速计算)，下边多选一行(实现列的快速计算)，如图 6-8 所示。

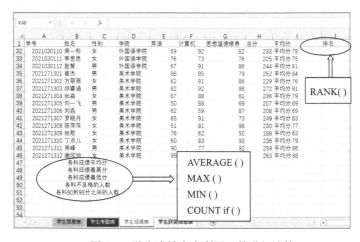

图 6-6　学生成绩表中利用函数进行计算

图 6-7　常用函数按钮

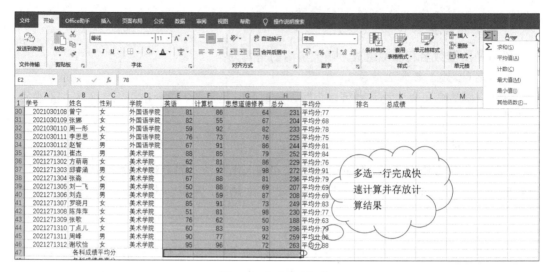

图 6-8 自动求和操作

（2）插入函数完成函数输入。利用 RANK 函数完成学生排名的计算，利用 COUNTIF 函数完成满足条件的计数计算。以 RANK 函数为例，首先通过函数输入按钮，在"插入函数"对话框进行函数的搜索，如图 6-9 所示。然后，根据"函数参数"对话框中函数的功能解释和参数的用途解释，选择或填写相应的单元格地址或数字，如图 6-10 所示。

图 6-9 "插入函数"对话框   图 6-10 "函数参数"对话框

RANK 函数功能解释：返回一个数字中相对于其他数值的大小排名。其中，参数 Number 为需要找到排位的数字；参数 Ref 是一组数组或对数字列表的引用，非数字值将被忽略；参数 Order 为排序的方式（如果为 0 或者忽略，表示按降序排列，否则按升序排列）。因此，RANK 函数的表达式为 RANK（Number,Ref,Order）。COUNTIF 函数可类似地通过"函数参数"对话框完成输入。

（3）函数的嵌套使用。在某些情况下，可能需要将某个公式或函数的返回值作为另一个函数的参数来使用，即函数的嵌套使用。在"学生获奖信息表"中，使用 IF 函数的嵌套完成不同获奖级别对应分值的计算，如图 6-11 所示。

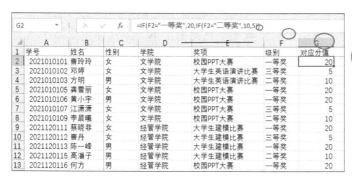

第 2 个 IF 函数的返回值作为第 1 个 IF 函数的参数

图 6-11　IF 函数的嵌套使用

（4）自动计算查看计算结果。利用 Excel 的"自动计算"功能，可以查看想得到一些临时的结果而不需要将其存放在工作表中，如自动计算并查看所有学生英语成绩的平均值、最高分和最低分等。利用"自动计算"功能对选定的区域进行求和、平均值、计数、最大值、最小值等几种计算，右击 Excel 状态栏，即可使用该功能进行查看，如图 6-12 所示。选中的相应计算，所对应的结果将在状态栏中显示，如图 6-13 所示。

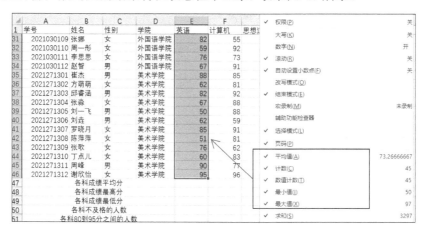

图 6-12　自动计算功能

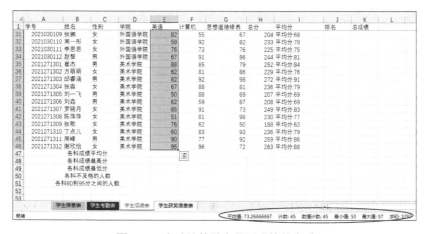

图 6-13　自动计算学生英语成绩并查看

注意，在 6.1.2 节中，留给大家思考的问题。如图 6-14 所示，在同一单元格里既有文本又有数字的情况下，如何调整小数的位数呢？在此情况下，无法使用“减少小数位数”功能对小数位数进行调整。

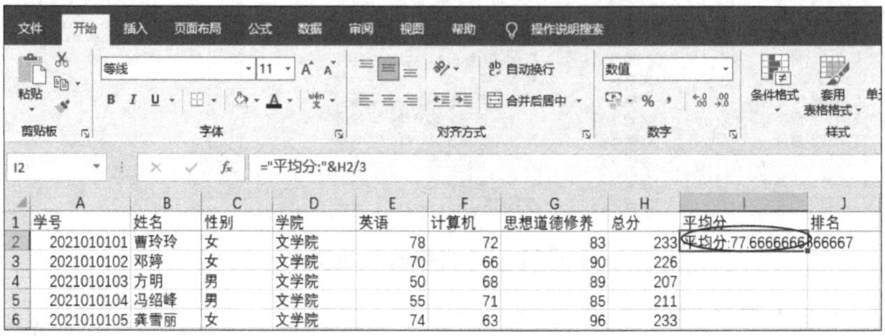

	A	B	C	D	E	F	G	H	I	J
1	学号	姓名	性别	学院	英语	计算机	思想道德修养	总分	平均分	排名
2	2021010101	曹玲玲	女	文学院	78	72	83	233	平均分:77.6666666666667	
3	2021010102	邓婷	女	文学院	70	66	90	226		
4	2021010103	方明	男	文学院	50	68	89	207		
5	2021010104	冯绍峰	男	文学院	55	71	85	211		
6	2021010105	龚雪丽	女	文学院	74	63	96	233		

图 6-14 既有文本又有数字的情况

可以使用 ROUND 函数，让小数位数保留 0 位，从而实现平均分的取整计算，如图 6-15 所示。

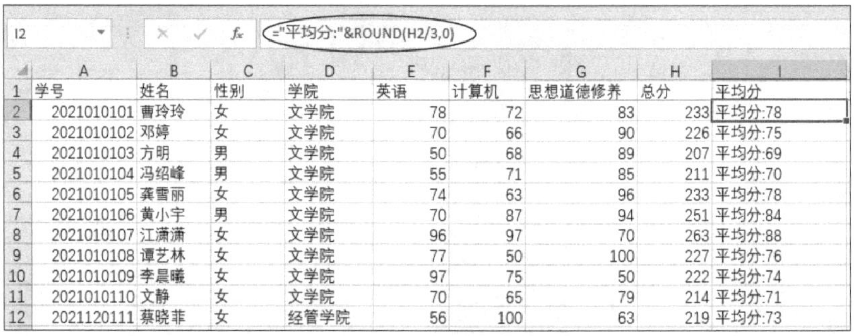

	A	B	C	D	E	F	G	H	I
1	学号	姓名	性别	学院	英语	计算机	思想道德修养	总分	平均分
2	2021010101	曹玲玲	女	文学院	78	72	83	233	平均分:78
3	2021010102	邓婷	女	文学院	70	66	90	226	平均分:75
4	2021010103	方明	男	文学院	50	68	89	207	平均分:69
5	2021010104	冯绍峰	男	文学院	55	71	85	211	平均分:70
6	2021010105	龚雪丽	女	文学院	74	63	96	233	平均分:78
7	2021010106	黄小宇	男	文学院	70	87	94	251	平均分:84
8	2021010107	江潇潇	女	文学院	96	97	70	263	平均分:88
9	2021010108	谭艺林	女	文学院	77	50	100	227	平均分:76
10	2021010109	李晨曦	女	文学院	97	75	50	222	平均分:74
11	2021010110	文静	女	文学院	70	65	79	214	平均分:71
12	2021120111	蔡晓菲	女	经管学院	56	100	63	219	平均分:73

图 6-15 使用 ROUND 函数取整计算

6.2 设置并打印工作表

当工作表很大时，若只需查看工作表中的部分数据，可以使用 Excel 的拆分工作表和冻结工作表两个功能。在完成工作表的编辑、计算以及图表操作后，通常需要对工作表进行打印。在打印前，往往需要做一些准备工作，如页面设置、打印区域设置等操作。

6.2.1 拆分和冻结工作表

1. 拆分工作表

若要将表中相隔甚远的数据进行对照比较，可将工作表拆分为几个窗口，每个窗口都有完整的工作表数据，此时拖动滚动条即可将工作表不同部分的数据分别显示在各个窗口中，即可很方便地对工作表中的数据进行对照比较。

拆分工作表

窗口的拆分可分为 3 种方式：水平拆分、垂直拆分和水平垂直拆分。

实训要求：在“学生成绩表”中同时查看学号为“2021010103”和“2021271308”两

名学生的成绩；在"学生信息表"中对应查看学生的姓名和出生日期。

方法指导：

(1)水平拆分。选中第 A 列除第 1 行以外的任意一个单元格，使用"视图"选项卡中的拆分功能，其结果如图 6-16 所示。

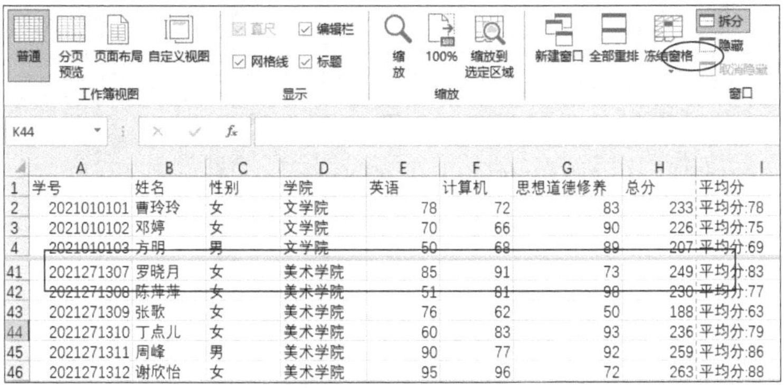

图 6-16　学生成绩表的水平拆分

(2)垂直拆分。选中第 1 行除 A 列以外的任意一个单元格，再使用拆分功能可形成两个完整的窗口，利用两个窗口中的水平滚动轴调整工作表中需要查看的数据表内容，其结果如图 6-17 所示。

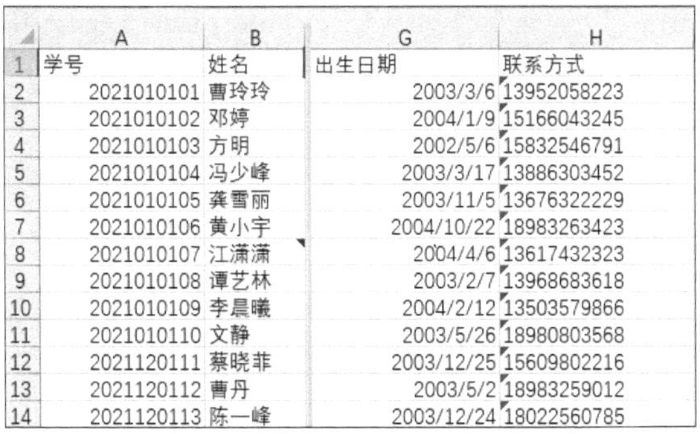

图 6-17　学生信息表的垂直拆分

(3)水平垂直拆分。将活动单元格放在除第 A 列和第 1 行以外的任意一个单元格，再使用拆分功能即可形成 4 个完整的窗口，如图 6-18 所示。

2. 冻结工作表

冻结工作表

利用 Excel 的冻结工作表功能，可以将数据的标题固定在窗口中，不随窗口内容的滚动而移动。这样，即便是一个工作表中有很多数据，也能轻松查看任何一个数据所对应的标题，并知晓其含义。

实训要求： 在"学生成绩表"中冻结标题行；在"学生信息表"中，冻结第一列，对应查看学生的学号和身份证号；在"学生信息表"中，对应查看学生的学号、姓名、身份证号和出生日期。

	A	B	C	D	E		A	B	C	D	E
1	学号	姓名	性别	学院	年龄		学号	姓名	性别	学院	年龄
2	2021010101	曹玲玲	女	文学院	18		2021010101	曹玲玲	女	文学院	18
3	2021010102	邓婷	女	文学院	17		2021010102	邓婷	女	文学院	17
4	2021010103	方明	男	文学院	19		2021010103	方明	男	文学院	19
5	2021010104	冯少峰	男	文学院	18		2021010104	冯少峰	男	文学院	18
6	2021010105	龚雪丽	女	文学院	18		2021010105	龚雪丽	女	文学院	18
7	2021010106	黄小宇	男	文学院	17		2021010106	黄小宇	男	文学院	17
8	2021010107	江潇潇	女	文学院	17		2021010107	江潇潇	女	文学院	17
9	2021010108	谭艺林	女	文学院	18		2021010108	谭艺林	女	文学院	18
10	2021010109	李晨曦	女	文学院	17		2021010109	李晨曦	女	文学院	17
11	2021010110	文静	女	文学院	18		2021010110	文静	女	文学院	18
12	2021120111	蔡晓菲	女	经管学院	18		2021120111	蔡晓菲	女	经管学院	18
1	学号	姓名	性别	学院	年龄		学号	姓名	性别	学院	年龄
2	2021010101	曹玲玲	女	文学院	18		2021010101	曹玲玲	女	文学院	18
3	2021010102	邓婷	女	文学院	17		2021010102	邓婷	女	文学院	17
4	2021010103	方明	男	文学院	19		2021010103	方明	男	文学院	19
5	2021010104	冯少峰	男	文学院	18		2021010104	冯少峰	男	文学院	18
6	2021010105	龚雪丽	女	文学院	18		2021010105	龚雪丽	女	文学院	18
7	2021010106	黄小宇	男	文学院	17		2021010106	黄小宇	男	文学院	17
8	2021010107	江潇潇	女	文学院	17		2021010107	江潇潇	女	文学院	17
9	2021010108	谭艺林	女	文学院	18		2021010108	谭艺林	女	文学院	18
10	2021010109	李晨曦	女	文学院	17		2021010109	李晨曦	女	文学院	17
11	2021010110	文静	女	文学院	18		2021010110	文静	女	文学院	18
12	2021120111	蔡晓菲	女	经管学院	18		2021120111	蔡晓菲	女	经管学院	18
13	2021120112	曹丹	女	经管学院	18		2021120112	曹丹	女	经管学院	18

图 6-18 学生信息表的水平垂直拆分

方法指导：需利用"视图"选项卡中的"冻结窗格"按钮来实现窗口的冻结和取消冻结，如图 6-19 所示。

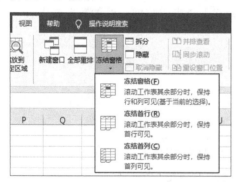

图 6-19 冻结窗口功能

(1)冻结首行。无论窗口中的数据怎么上下滚动，数据表标题始终显示在当前窗口中，因此表中数据的含义一目了然，如图 6-20 所示。

	A	B	C	D	E	F	G	H	I
1	学号	姓名	性别	学院	英语	计算机	思想道德修养	总分	平均分
41	2021271307	罗晓月	女	美术学院	85	91	73	249	平均分:83
42	2021271308	陈萍萍	女	美术学院	51	81	98	230	平均分:77
43	2021271309	张歌	女	美术学院	76	62	50	188	平均分:63
44	2021271310	丁点儿	女	美术学院	60	83	93	236	平均分:79
45	2021271311	周峰	男	美术学院	90	77	92	259	平均分:86
46	2021271312	谢欣怡	女	美术学院	95	96	72	263	平均分:88
47		各科成绩平均分							
48		各科成绩最高分							
49		各科成绩最低分							
50		各科不及格的人数							
51		各科80到95分之间的人数							

图 6-20 学生成绩表的首行冻结

(2)冻结首列。无论窗口中的数据怎么左右滚动，数据表第 1 列始终显示在当前窗口中，因此表中数据的含义一目了然，如图 6-21 所示。

	A	F	G	H	I	J
1	学号	身份证号	出生日期	联系方式	党员	
2	2021010101	510113200303061267	2003/3/6	13952058223	FALSE	
3	2021010102	510153200401096743	2004/1/9	15166043245	FALSE	
4	2021010103	510113200205061217	2002/5/6	15832546791	TRUE	
5	2021010104	510114200303171257	2003/3/17	13886303452	FALSE	
6	2021010105	510106200311050365	2003/11/5	13676322229	FALSE	
7	2021010106	510181200410224315	2004/10/22	18983263423	FALSE	
8	2021010107	370203200404061245	2004/4/6	13617432323	FALSE	
9	2021010108	510301200302072341	2003/2/7	13968683618	FALSE	
10	2021010109	510402200402129882	2004/2/12	13503579866	FALSE	
11	2021010110	510623200305262321	2003/5/26	18980803568	FALSE	
12	2021120111	500109200312252365	2003/12/25	15609802216	FALSE	
13	2021120112	510781200205061243	2003/5/2	18983259012	TRUE	
14	2021120113	51010820031224601X	2003/12/24	18022560785	FALSE	
15	2021120114	510722200402181243	2004/2/18	13723468793	FALSE	
16	2021120115	510106200210050315	2002/10/5	18103468892	FALSE	
17	2021120116	510822200303152134	2003/3/15	17311932901	FALSE	
18	2021120117	510700200401022468	2004/1/2	17398021346	FALSE	
19	2021120118	510105200310217631	2003/10/21	18103428906	FALSE	

图 6-21 学生信息表的首列冻结

(3)冻结窗口。选择工作表中任意单元格,可更自由地冻结窗口。选择 C2 单元格进行冻结窗口,如图 6-22 所示。冻结窗口结果如图 6-23 所示。

C2		× ✓ fx	女			
	A	B	C	D	E	F
1	学号	姓名	性别	学院	年龄	身份证号
2	2021010101	曹玲玲	女	文学院	18	510113200303061267
3	2021010102	邓婷	女	文学院	17	510153200401096743
4	2021010103	方明	男	文学院	19	510113200205061217
5	2021010104	冯少峰	男	文学院	18	510114200303171257
6	2021010105	龚雷丽	女	文学院	18	510106200311050365
7	2021010106	黄小宇	男	文学院	17	510181200410224315
8	2021010107	江潇潇	女	文学院	17	370203200404061245
9	2021010108	谭艺林	女	文学院	18	510301200302072341
10	2021010109	李晨曦	女	文学院	17	510402200402129882
11	2021010110	文静	女	文学院	18	510623200305262321
12	2021120111	蔡晓菲	女	经管学院	18	500109200312252365
13	2021120112	曹丹	女	经管学院	18	510781200205021243

图 6-22 冻结窗口前

C2		× ✓ fx	女		
	A	B	F		G
1	学号	姓名	身份证号		出生日期
32	2021030110	周一彤	511325200403013247		2004/3/1
33	2021030111	李思思	510106200404213681		2004/4/21
34	2021030112	赵智	500109200301033245		2003/1/3
35	2021271301	崔杰	510104200212243251		2002/12/24
36	2021271302	方萌萌	511502200307232347		2003/7/23
37	2021271303	邱睿涵	500109200305162314		2003/5/16
38	2021271304	张淼	511702200310260945		2003/10/26
39	2021271305	刘一飞	511902200401239031		2004/1/23
40	2021271306	刘垚	511602200303280934		2003/3/28
41	2021271307	罗晓月	4418012004122720317		2004/12/27
42	2021271308	陈萍萍	510106200308082361		2003/8/8
43	2021271309	张歌	510232004112365BX		2004/11/23
44	2021271310	丁点儿	511802200404162349		2004/4/16
45	2021271311	周峰	512002200306091252		2003/6/9
46	2021271312	谢欣怡	510102200312072346		2003/12/7

图 6-23 冻结窗口后

6.2.2 打印工作表

通常在完成对工作表数据的输入和编辑后,就可以将其打印输出了。为了使打印出的工作表准确和清晰,符合用户的需求,往往要在打印之前做相应的设置。

1. 工作表的页面设置

在"布局"选项卡中的"页面设置"功能区中,可以实现打印前页面设置的基础功能,包括页边距、纸张方向、纸张大小、打印区域、分隔符和打印标题等。

设置工作表页面

实训要求:打印"学生成绩表"中学号从"2021120111"学生的记录到"2021271312"学生的记录。要求每页需打印出列标题,同一学生的成绩记录打印在同一页上。

方法指导:若不预先对页面进行设置直接进行打印,将得到如图 6-24 所示的打印效果。显然,图 6-24 并不符合该实训要求。需要在打印之前进行相关的设置,具体方法指导如下。

(1)对纸张方向进行横向设置,若横向设置后仍有部分列不能显示在同一页中,可对页边距或单元格的字号进行调整。

(2)选择打印的区域,即"2021120111"学生的记录到"2021271312"学生的记录。

(3)设置打印标题。

通过一系列的预先设置,最终得到如图 6-25 所示的打印效果。

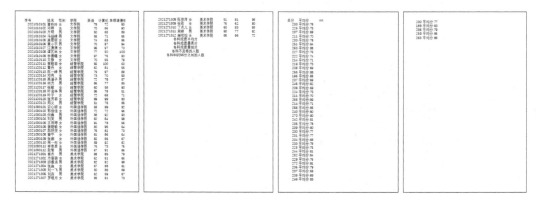

图 6-24　设置前"学生成绩表"打印效果

图 6-25　设置后"学生成绩表"打印效果

图 6-26　"页面设置"对话框中的"工作表"选项卡

在"布局"选项卡中，打开"页面设置"对话框，选择"工作表"选项卡，可以看到如图 6-26 所示的设置内容。

其中，"打印顺序"默认为"先列后行"，当工作表在页面上无法全部打印的时候，将根据这个打印顺序，决定单元格的打印顺序。因此，在未做任何预先设置的情况下，会出现如图 6-24 所示的打印顺序。

2. 分页及分页打印

打印表格时，Excel 会根据纸张大小、边框等自动为工作表分页。如果用户不满意这种分页方式，可以根据需要对工作表进行人工分页。

实训要求：打印"学生成绩表"中所有学生成绩记录，要求"文学院"和"经管学院"的学生记录在同一页上进行打印，"外国语学院"和"美术学院"在另一页上进行打印。要求每页要有列标题，有学生相关信息，并打印网格线。

方法指导：需要灵活使用"页面设置"功能区的"分隔符"功能。

（1）根据要求在 A23 单元格插入分页符，实现人工分页。

（2）选择"视图"→"分页预览"命令，查看到如图 6-27 所示的分页情况。

（3）对打印区域、打印标题、打印网格线分别进行如图 6-28 所示的设置。最终实现如图 6-29 所示的打印效果。

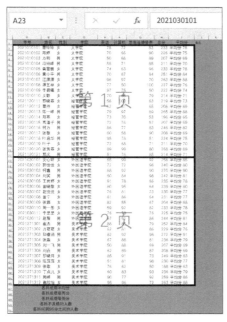

图 6-27　使用分隔符后的分页情况

图 6-28　工作表页面设置

图 6-29　人工分页打印效果

3. 利用 VLOOKUP 函数实现成绩条打印

进行数据查找时，使用 VLOOKUP 函数可以快速又准确地实现在大量数据中进行查找，从而大大提高工作效率。

实训要求： 对文学院的学生制作"学生成绩条"，包括学生基本信息(学号、姓名和学院)，学生各科成绩及总分，学生获奖相关信息(奖项和级别)；实现学生成绩条的打印。

打印成绩条

方法指导：

(1)在"公式"选项卡中使用定义名称功能，为实现 VLOOKUP 函数的使用做准备。这里涉及两个工作表："学生成绩表"和"学生获奖信息表"，因此需要定义两个名称，如图 6-30 所示。

图 6-30　定义名称

(2)建立"学生成绩条"工作表，输入相应的文字，设置单元格样式，如图 6-31 所示。

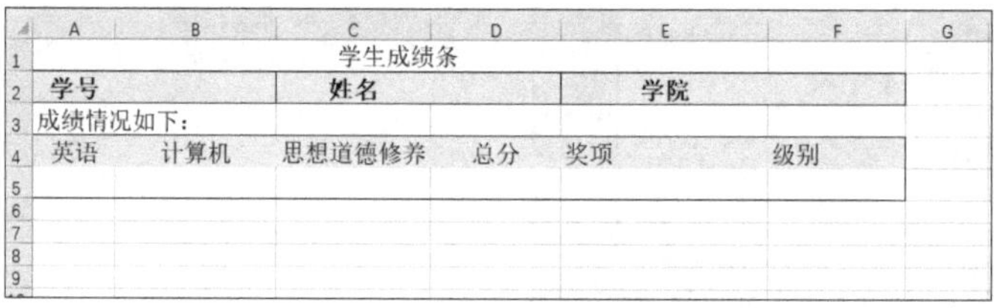

图 6-31　"学生成绩条"样式

(3)使用 VLOOKUP 函数对"学生成绩条"中单元格内容的填写进行查找和匹配。首先，在 B2 单元格输入学号，在 D2 单元格输入 VLOOKUP 函数，如图 6-32 所示。"=VLOOKUP(B2,学生成绩表,2)"表示从"学生成绩表"首列中查找 B2 单元格的学号，找到后返回"学生成绩表"中对应的第 2 列的值。

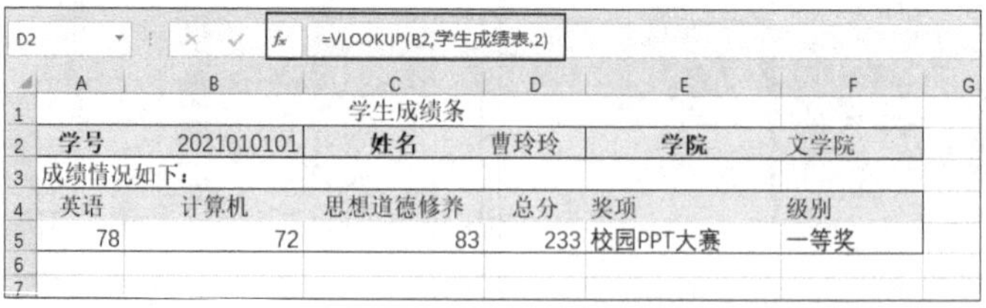

图 6-32　使用 VLOOKUP 函数查找学生姓名

(4)在剩下需要填写的单元格中反复使用 VLOOKUP 函数。注意，在查找英语成绩时(A5 单元格)，使用如图 6-33 所示的公式，即=VLOOKUP($B2,学生成绩表,COLUMN(E1))。这里，使用 COLUMN 函数是为了方便利用 A5 单元格的值对 B5:D5 区域实现函数的填充。

(5)制作完一名学生的学生成绩条后，选中 A1:F6 区域，利用填充柄进行填充，即可生成所有学生的成绩条，如图 6-34 所示。

(6)查看打印预览，利用页面设置对所打印内容的排版进行调整，利用分隔符调整"学生成绩条"的分页，最终完成学生成绩条的打印，其打印效果如图 6-35 所示。

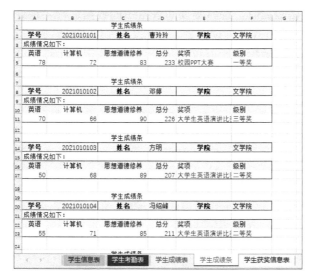

图 6-33　使用 VLOOKUP 函数查找学生英语成绩

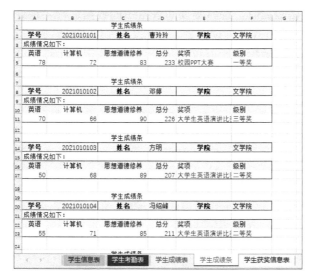

图 6-34　制作所有学生成绩条

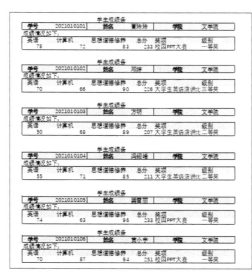

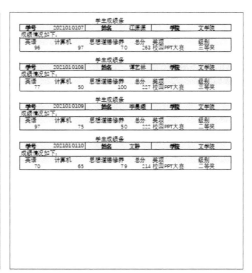

图 6-35　"学生成绩条"打印预览

第7章

Excel 表格中的数据处理与图表化

在查看和分析表格数据时，经常需要对表格中的数据进行各种处理，如排序、筛选、分类汇总等。同时为了更直观地展现数据，还可以把表格中的数据转换成不同类型的图表、迷你图和数据透视表，当数据对比度较大时，还可以使用双坐标轴处理。

二级考点：数据的排序、筛选、分类汇总、分组显示

7.1 数 据 处 理

图 7-1 是数据处理中的思维导图，本节的案例就围绕这几个方面来讲解。

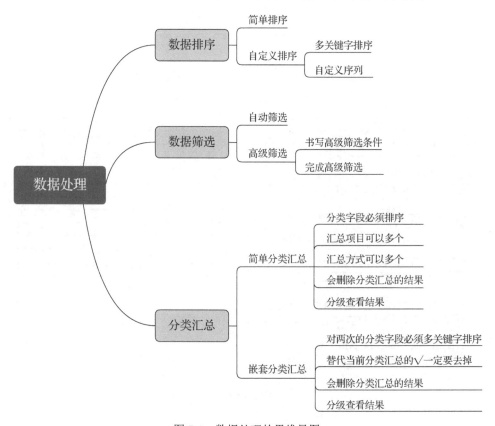

图 7-1 数据处理的思维导图

7.1.1　数据排序

针对"学生成绩表"，老师为了更方便地了解学生情况，可以对表格中的数据进行一系列排序处理。

Excel 提供了两种排序方法：简单排序和自定义排序。其中简单排序直接使用"升序"或者"降序"功能；自定义排序又分为多关键字排序、自定义序列排序。

实训要求：

(1)将"学生考勤表"数据区域复制到"学生考勤表排序"中。

(2)对"学生考勤表排序"中的"姓名"列按升序排序，结果如图 7-2 所示。

数据排序

	学号	姓名	性别	学院	日期	正常	请假	迟到	早退	旷课
1	学号	姓名	性别	学院	日期	正常	请假	迟到	早退	旷课
2	2021030101	安心妍	女	外国语学院	2021/12/1	是				
3	2021120111	蔡晓菲	女	经管学院	2021/11/19	是				
4	2021120112	曹丹	女	经管学院	2021/11/19	是				
5	2021010101	曹玲玲	女	文学院	2021/10/8	是				
6	2021030108	曾宁	女	外国语学院	2021/12/21	是				
7	2021030106	曾晓敏	女	外国语学院	2021/12/21	是				
8	2021271308	陈萍萍	女	美术学院	2021/12/30			是		
9	2021120113	陈一峰	男	经管学院	2021/11/19	是				
10	2021271301	崔杰	男	美术学院	2021/12/21	是				
11	2021010102	邓婷	女	文学院	2021/10/8		是			
12	2021120114	邓燕	女	经管学院	2021/11/19	是				
13	2021271310	丁点儿	女	美术学院	2021/12/30	是				
14	2021271302	方萌萌	女	美术学院	2021/12/21		是			
15	2021010103	方明	男	文学院	2021/10/8	是				
16	2021010104	冯少峰	男	文学院	2021/10/8					是
17	2021120115	高潘子	男	经管学院	2021/12/1	是				
18	2021010105	龚雪丽	女	文学院	2021/10/8				是	
19	2021030102	郭佳佳	女	外国语学院	2021/12/1	是				
20	2021120116	何方	男	经管学院	2021/12/1	是				
21	2021030103	何鑫	男	外国语学院	2021/12/1	是				
22	2021010106	黄小宇	男	文学院	2021/11/19	是				
23	2021010107	江潇潇	女	文学院	2021/11/19	是				
24	2021010109	李晨曦	女	文学院	2021/11/19				是	
25	2021030111	李思思	女	外国语学院	2021/12/21	是				
26	2021030104	刘笑	男	外国语学院	2021/12/21	是				
27	2021271306	刘垚	男	美术学院	2021/12/30	是				
28	2021271305	刘一飞	男	美术学院	2021/12/30				是	
29	2021271307	罗晓月	女	美术学院	2021/12/30	是				
30	2021271303	邱睿涵	男	美术学院	2021/12/30			是		
31	2021010108	谭艺林	女	文学院	2021/11/19			是		
32	2021030105	王雨婷	女	外国语学院	2021/12/21	是				
33	2021010110	文静	女	文学院	2021/11/19	是				
34	2021271312	谢欣怡	女	美术学院	2021/12/30	是				
35	2021120118	叶启华	男	经管学院	2021/12/1	是				
36	2021120119	叶子	女	经管学院	2021/12/1	是				
37	2021120120	张芳菲	女	经管学院	2021/12/1		是			
38	2021271309	张歌	女	美术学院	2021/12/30				是	
39	2021271304	张淼	女	美术学院	2021/12/30					是
40	2021120117	张敏	女	经管学院	2021/12/1	是				
41	2021030109	张娜	女	外国语学院	2021/12/21		是			
42	2021030107	赵悦悦	女	外国语学院	2021/12/21	是				
43	2021030112	赵智	男	外国语学院	2021/12/21	是				
44	2021120121	郑义	男	经管学院	2021/12/1			是		
45	2021271311	周峰	男	美术学院	2021/12/30		是			
46	2021030110	周一彤	女	外国语学院	2021/12/21	是				

图 7-2　对"姓名"列按升序排序

(3)将"学生成绩表"数据区域复制到"学生成绩表排序"中，以"性别"为主要关键字升序排序；以"学院"列为次要关键字，按照"美术学院、外国语学院、经管学院、文学院"（自定义序列）的顺序排序；以"总分"为再次要关键字降序排序，如图 7-3 所示。结果如图 7-4 所示。

图 7-3　多关键字排序设置

学号	姓名	性别	学院	英语	计算机	思想道德修养	总分	平均分	排名
2021271303	邱睿涵	男	美术学院	82	92	98	272	90.7	1
2021271311	周峰	男	美术学院	90	77	92	259	86.3	7
2021271301	崔杰	男	美术学院	88	85	79	252	84.0	9
2021271306	刘垚	男	美术学院	62	59	87	208	69.3	37
2021271305	刘一飞	男	美术学院	50	88	69	207	69.0	40
2021030103	何鑫	男	外国语学院	88	92	90	270	90.0	2
2021030112	赵智	男	外国语学院	67	91	86	244	81.3	13
2021030104	刘笑	男	外国语学院	60	84	98	242	80.7	14
2021120113	陈一峰	男	经管学院	79	97	89	265	88.3	4
2021120116	何方	男	经管学院	86	77	83	246	82.0	12
2021120118	叶启华	男	经管学院	95	78	51	224	74.7	30
2021120121	郑义	男	经管学院	51	78	85	214	71.3	33
2021120115	高潘子	男	经管学院	72	78	57	207	69.0	40
2021010106	黄小宇	男	文学院	70	87	94	251	83.7	10
2021010104	冯绍峰	男	文学院	55	71	85	211	70.3	35
2021010103	方明	男	文学院	50	68	89	207	69.0	40
2021271312	谢欣怡	女	美术学院	95	96	72	263	87.7	5
2021271307	罗晓月	女	美术学院	85	91	73	249	83.0	11
2021271304	张森	女	美术学院	67	88	81	236	78.7	17
2021271310	丁点儿	女	美术学院	60	83	93	236	78.7	17
2021271308	陈萍萍	女	美术学院	51	81	98	230	76.7	24
2021271302	方萌萌	女	美术学院	62	81	86	229	76.3	26
2021271309	张歌	女	美术学院	76	62	50	188	62.7	45
2021030101	安心妍	女	外国语学院	65	99	92	256	85.3	8
2021030102	郭佳佳	女	外国语学院	72	72	96	240	80.0	15
2021030106	曾晓敏	女	外国语学院	80	95	64	239	79.7	16
2021030105	王雨婷	女	外国语学院	91	78	66	235	78.3	19
2021030110	周一彤	女	外国语学院	59	92	82	233	77.7	20
2021030108	曾宁	女	外国语学院	81	86	64	231	77.0	23
2021030107	赵悦悦	女	外国语学院	76	81	73	230	76.7	24
2021030111	李思思	女	外国语学院	76	73	76	225	75.0	29
2021030109	张娜	女	外国语学院	82	55	67	204	68.0	43
2021120110	张芳菲	女	经管学院	89	99	80	268	89.3	3
2021120111	蔡晓菲	女	经管学院	56	100	63	219	73.0	32
2021120119	叶子	女	经管学院	72	68	71	211	70.3	35
2021120112	曹丹	女	经管学院	62	81	65	208	69.3	37
2021120117	张敏	女	经管学院	60	58	90	208	69.3	37
2021120114	邓燕	女	经管学院	73	70	53	196	65.3	44
2021010107	江潇潇	女	文学院	96	97	70	263	87.7	5
2021010101	曹玲玲	女	文学院	78	72	83	233	77.7	20
2021010105	龚霄丽	女	文学院	74	63	96	233	77.7	20
2021010108	谭艺林	女	文学院	77	50	100	227	75.7	27
2021010102	邓婷	女	文学院	70	66	90	226	75.3	28
2021010109	李晨曦	女	文学院	97	75	50	222	74.0	31
2021010110	文静	女	文学院	70	65	79	214	71.3	33

图 7-4　多关键字排序结果

方法指导：

(1)简单排序：单击"数据"→"排序和筛选"→"升序"。

(2)多关键字排序：单击"数据"→"排序和筛选"→"　　"。

由图 7-4 可知，当主要关键字"性别"相同时，次要关键字才起作用。同理当次要关键字也区分不开记录大小时，启用再次要关键字。

7.1.2　数据筛选

数据筛选的目的是选出满足条件的记录，其他记录并不被删除，而是被隐藏了。Excel 提供了两种数据筛选方法：自动筛选，按选定的内容筛选，适合简单的条件；高级筛选，适合复杂的条件。

　　条件区域的第 1 行作为筛选条件的字段名,这些字段名必须与数据清单中的字段名完全相同,条件区域的其他行则用来输入筛选条件。

　　条件区域至少两行,且首行与数据清单中相应的列标题应精确匹配。同一行上的条件关系为逻辑"与",不同行之间为逻辑"或"。

　　数据筛选 1 实训要求:

　　(1)将"学生成绩表"数据区域复制到"学生成绩表筛选 1""学生成绩表筛选 2""学生成绩表筛选 3""学生成绩表筛选 4"和"学生成绩表筛选 5"中。

　　(2)在"学生成绩筛选表 1"中,筛选出平均分 80 以下的记录,筛选条件设置如图 7-5 所示。结果如图 7-6 所示。

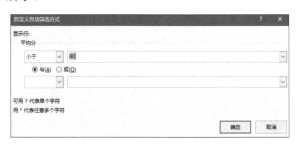

图 7-5　平均分小于 80 的筛选条件设置

　　(3)在"学生成绩筛选表 2"中,筛选出姓"叶"的学生,筛选条件设置如图 7-7 和图 7-8 所示。结果如图 7-9 所示。

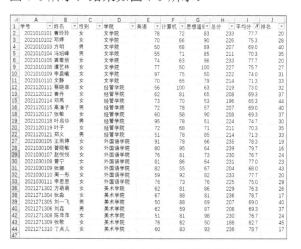

图 7-6　平均分小于 80 的筛选结果

图 7-7　筛选出姓"叶"的学生条件设置界面(一)

图 7-8　筛选出姓"叶"的学生条件设置界面(二)

	A	B	C	D	E	F	G	H	I	J
1	学号	姓名	性别	学院	英语	计算机	思想道德修养	总分	平均分	排名
19	2021120118	叶启华	男	经管学院	95	78	51	224	74.7	30
20	2021120119	叶子	女	经管学院	72	68	71	211	70.3	35

图 7-9 筛选出姓 "叶" 的学生结果

(4)在 "学生成绩筛选表 3" 和 "学生成绩表筛选 4" 中，用自动筛选和高级筛选两种方法筛选出经管学院 3 门课都及格的学生，结果如图 7-10 和图 7-11 所示。

	A	B	C	D	E	F	G	H	I	J
1	学号	姓名	性别	学院	英语	计算机	思想道德修	总分	平均分	排名
13	2021120112	曹丹	女	经管学院	62	81	65	208	69.3	37
14	2021120113	陈一峰	男	经管学院	79	97	89	265	88.3	4
17	2021120116	何方	男	经管学院	86	77	83	246	82.0	12
20	2021120119	叶子	女	经管学院	72	68	71	211	70.3	35
21	2021120120	张芳菲	女	经管学院	89	99	80	268	89.3	3

图 7-10 经管学院 3 门课都及格的学生自动筛选的结果

	A	B	C	D	E	F	G	H	I
1	学号	姓名	性别	学院	英语	计算机	思想道德修	总分	平均分
13	2021120112	曹丹	女	经管学院	62	81	65	208	69.3
14	2021120113	陈一峰	男	经管学院	79	97	89	265	88.3
17	2021120116	何方	男	经管学院	86	77	83	246	82.0
20	2021120119	叶子	女	经管学院	72	68	71	211	70.3
21	2021120120	张芳菲	女	经管学院	89	99	80	268	89.3
47									
48				学院	英语	计算机	思想道德修养		
49				经管学院	>=60	>=60	>=60		

图 7-11 经管学院 3 门课都及格的学生高级筛选的结果

(5)在 "学生成绩筛选表 5" 中，用高级筛选找出 "计算机" "英语" "思想道德修养" 3 门课中不及格的学生，结果如图 7-12 所示。

	A	B	C	D	E	F	G	H	I	J
1	学号	姓名	性别	学院	英语	计算机	思想道德修养	总分	平均分	排名
4	2021010103	方明	男	文学院	50	68	89	207	69.0	40
5	2021010104	冯绍峰	男	文学院	55	71	85	211	70.3	35
9	2021010108	谭艺林	女	文学院	77	50	100	227	75.7	27
10	2021010109	李晨曦	女	文学院	97	75	50	222	74.0	31
12	2021120111	蔡晓菲	女	经管学院	56	100	63	219	73.0	32
15	2021120114	邓燕	女	经管学院	73	70	53	196	65.3	44
16	2021120115	高潘子	男	经管学院	72	78	57	207	69.0	40
18	2021120117	张敏	女	经管学院	60	58	90	208	69.3	37
19	2021120118	叶启华	男	经管学院	95	78	51	224	74.7	30
22	2021120121	郑义	男	经管学院	51	78	85	214	71.3	33
31	2021030109	张娜	女	外国语学院	82	55	67	204	68.0	43
32	2021030110	周一彤	女	外国语学院	59	92	82	233	77.7	20
39	2021271305	刘一飞	男	美术学院	50	88	69	207	69.0	40
40	2021271306	刘垚	男	美术学院	62	59	87	208	69.3	37
42	2021271308	陈萍萍	女	美术学院	51	81	98	230	76.7	24
43	2021271309	张歌	女	美术学院	76	62	50	188	62.7	45
47										
48						英语	计算机	思想道德修养		
49						<60				
50							<60			
51								<60		

图 7-12 3 门课中不及格的学生的高级筛选结果

方法指导：

(1)简单筛选：选中要筛选的数据，单击 "数据" → "排序和筛选" → "筛选"，根据条件筛选出满足要求的数据。

(2)高级筛选：按要求输入条件区域，单击 "数据" → "排序和筛选" → "高级"，分别选中数据区域和条件区域，就可以根据高级筛选的条件完成数据筛选。

(3)如果出错，单击 "数据" → "排序和筛选" → "清除" 就可以显示出所有数据，清除筛选条件，重新做正确的筛选。

数据筛选 2 实训要求：在"学生考勤表"中，筛选出 2021 年 12 月 30 日美术学院迟到、早退和旷课的同学，结果如图 7-13 所示。

	A	B	C	D	E	F	G	H	I	J
1	学号	姓名	性别	学院	日期	正常	请假	迟到	早退	旷课
37	2021271303	邱睿涵	男	美术学院	2021/12/30			是		
38	2021271304	张淼	女	美术学院	2021/12/30					是
39	2021271305	刘一飞	男	美术学院	2021/12/30				是	
42	2021271308	陈萍萍	女	美术学院	2021/12/30			是		
43	2021271309	张歌	女	美术学院	2021/12/30				是	
47										
48					学院	日期		迟到	早退	旷课
49					美术学院	2021/12/30	是			
50					美术学院	2021/12/30		是		
51					美术学院	2021/12/30			是	

图 7-13　高级筛选实现数据筛选 2 的结果

方法指导：在条件区域中输入的数据要考虑到学院和日期必须同时满足。

教师点拨：高级筛选操作需要先在条件区域中输入数据，筛选操作时光标必须位于数据区域内，选择高级筛选，核对数据区域，选择条件区域，切记不能多选空行(行之间是或关系，多选空行意味着什么条件都没有)。数据筛选 2 实训中，条件区域的设置是个难点，与以往遇到的不同，大家认真阅读条件区域应该能理解。

7.1.3　数据分类汇总

Excel 2019 的分类汇总是将工作表数据按照某个字段(称为关键字段)进行分类，并按类进行数据汇总(求和、求平均、求最大值、求最小值、计数等)。有两种分类汇总，即一种简单分类汇总和嵌套分类汇总。

实训要求：

(1)将"学生成绩表"数据区域复制到"学生成绩表简单分类汇总"和"学生成绩表嵌套分类汇总"。

(2)在"学生成绩表简单分类汇总"中，按照学院统计"计算机""英语""思想道德修养"的最高分(分类字段按"学院"升序排序)，结果如图 7-14 所示。

分类汇总

1 2 3		A	B	C	D	E	F	G	H	I	J
	1	学号	姓名	性别	学院	英语	计算机	思想道德修养	总分	平均分	排名
+	13				经管学院 最大值	95	100	90			
+	26				美术学院 最大值	95	96	98			
+	39				外国语学院 最大值	91	99	98			
+	50				文学院 最大值	97	97	100			
-	51				总计最大值	97	100	100			
	52										

图 7-14　简单分类汇总

(3)在"学生成绩表嵌套分类汇总"中，按照"学院"和"性别"分别统计"计算机""英语""思想道德修养"的平均分(分类字段"学院"按升序、"性别"按降序排序)，保留一位小数，结果如图 7-15 所示。

方法指导：

(1)简单分类汇总：首先对分类字段排序，然后单击"数据"→"分级显示"→"分类汇总"，设置分类字段、汇总项和汇总方式。

(2)嵌套分类汇总：首先对要参与分类汇总的字段进行多关键字排序，然后单击"数据"→"分级显示"→"分类汇总"，设置第 1 次分类字段(本例中是"学院")、汇总项和汇总方式；再次单击"数据"→"分级显示"→"分类汇总"，设置第 2 次分类字段(本例中是“性别”)、汇总项和汇总方式；然后单击“替换当前分类汇总”前面的选中标志，使其不被选中，最后确定。

(3)如果出错，单击“数据”→“分级显示”→“分类汇总”，选择对话框左下角的“全部删除”，可以恢复到分类汇总操作之前的数据。

	A	B	C	D	E	F	G	H	I	J
1	学号	姓名	性别	学院	英语	计算机	思想道德修养	总分	平均分	排名
8			女 平均值		68.7	79.3	70.3			
14			男 平均值		76.6	81.6	73.0			
15				经管学院 平均值	72.3	80.4	71.5			
23			女 平均值		70.9	83.1	79.0			
29			男 平均值		74.4	80.2	85.0			
30				美术学院 平均值	72.3	81.9	81.5			
40			女 平均值		75.8	81.2	75.6			
44			男 平均值		71.7	89.0	91.3			
45				外国语学院 平均值	74.8	83.2	79.5			
53			女 平均值		80.3	69.7	81.1			
57			男 平均值		58.3	75.3	89.3			
58				文学院 平均值	73.7	71.4	83.6			
59				总计平均值	73.3	79.5	79.0			

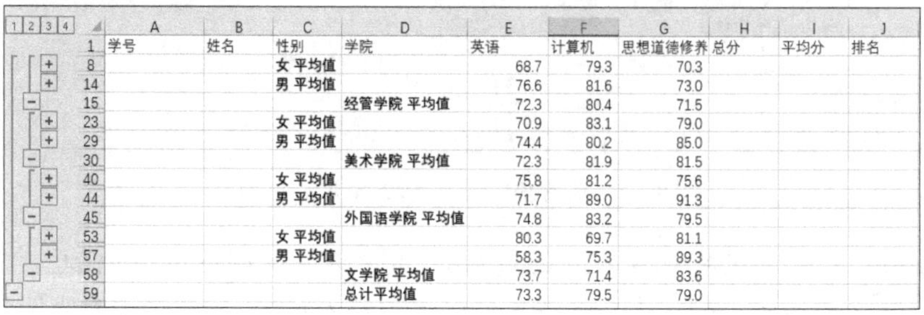

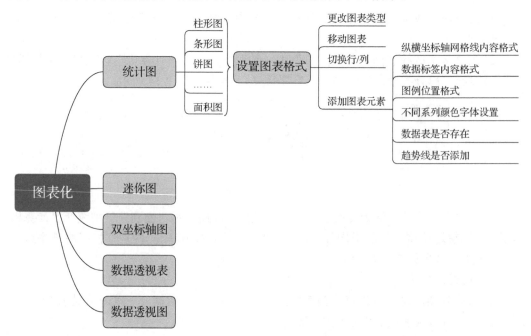

图 7-15 嵌套分类汇总

7.2 数据图表化

使用 Excel 对工作表中的数据进行计算、统计等操作后，得到的计算和统计结果还不能更好地显示出数据的发展趋势或分布状况。比如，当我们看到学生成绩表时，纯数据的表格不太直观，不能一目了然地了解到每名学生的情况。将表格转换为图表后，便可以很方便地查看不同学生的情况。数据图表化的思维导图如图 7-16 所示。

图 7-16 数据图表化的思维导图

二级考点：迷你图和图表的创建、编辑与修饰

7.2.1　制作统计图

图 7-17 是制作统计图的思维导图，也是在统计图部分我们主要学习的知识脉络。

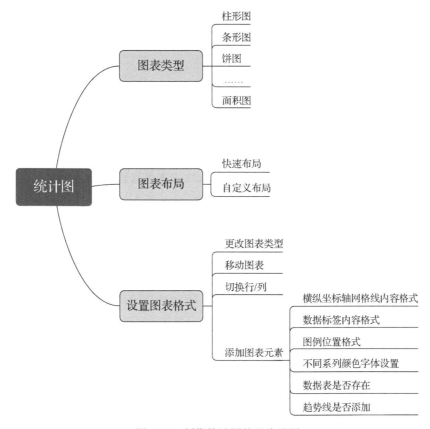

图 7-17　制作统计图的思维导图

1. 创建图表

Excel 的图表分为两种：嵌入式图表，它和创建图表的数据源放在同一张工作表中；独立图表，它是一种独立的图表工作表。

制作图表时，首先要正确选择数据源，然后再根据具体需要，选择合适的布局并设置统计图格式。

实训要求：

(1) 将"学生成绩表"复制一份，命名为"学生成绩统计图"。

(2) 由于数据量较大，生成的图表会因为数据太多而不清晰，所以选择一部分作为图表的数据源。此处筛选出所有男生的记录。

(3) 用三维簇状柱形图统计男生的姓名、英语和计算机课的成绩，结果如图 7-18 所示。

方法指导：选择数据源(姓名、英语、计算机)，单击"插入"→"图表"→"柱形图或条形图"→"三维簇状柱形图"。

创建统计图

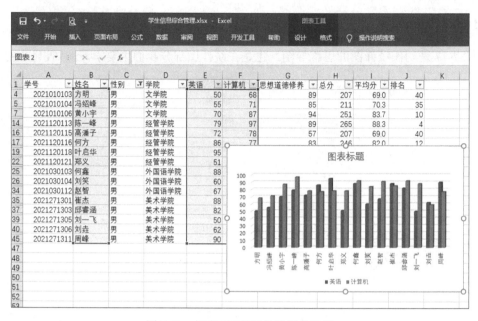

图 7-18　创建三维簇状柱形图的结果

2. 图表布局

1）快速图表布局

实训要求：

（1）在图 7-18 的基础上，选择"图表工具"→"快速布局"→"布局 9"，如图 7-19 所示。

（2）设置图表标题为"男生计算机和英语成绩表"，横坐标轴标题为"姓名"，纵坐标轴设置为竖排标题"成绩"，适当调整图表大小，如图 7-20 所示。

快速图表
布局

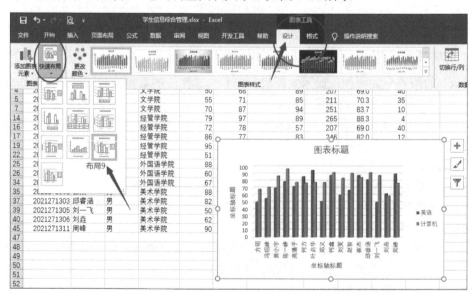

图 7-19　快速图表布局

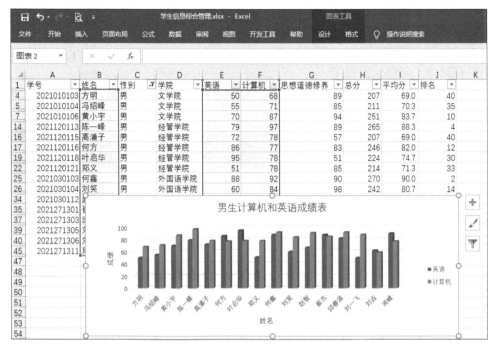

图 7-20　快速图表布局的结果

2）自定义图表布局

如果快速布局样式不能满足要求，可以选择自定义布局，也就是通过手动更改图表元素、样式，以及使用图表筛选器来自定义图表布局或者样式，具体工具在图表的右上方 3 个按钮处，如图 7-21 所示。

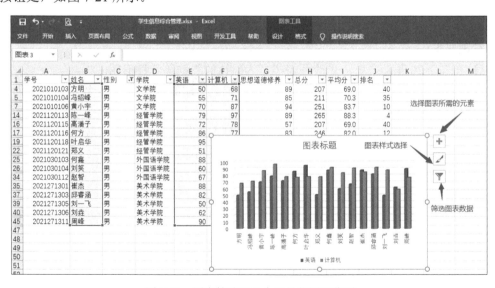

图 7-21　图表筛选器 3 个工具位置和作用

自定义图表布局

实训要求：

（1）在图 7-18 的基础上，添加数据表、坐标轴标题。

(2)设置图表标题为"男生计算机和英语成绩表",横坐标轴标题为"姓名",纵坐标轴设置为竖排标题"成绩",适当调整图表大小。

(3)设置图表样式为"样式9"。

(4)筛选前5名学生的成绩。

方法指导:选择图7-21中的3个工具,分别对应添加元素、样式选择和筛选。以上4步处理完毕后如图7-22所示。

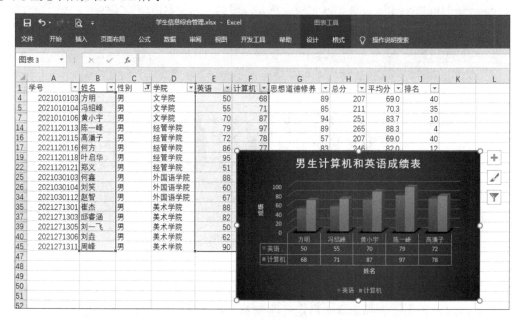

图7-22　自定义图表布局的结果

3. 设置图表格式

实训要求:

(1)在图7-20基础之上,更改图表类型为默认的二维簇状柱形图。

(2)填充"英语"系列颜色为纹理效果的"绿色大理石";填充"计算机"系列为"金色,个性色4,淡色60%"。

(3)适当按比例调整图表大小,将图表移动到本工作表C48:K63区域。

(4)添加数据标签:将每名学生的"计算机"成绩居中显示。

(5)将数据表以显示图例项标示的方式显示在图表下方。

方法指导:

(1)更改图表类型:选择图表,单击"图表工具"→"设计"→"类型"→"更改图表类型",选择合适的类型。

(2)填充系列:选择图表中具体的系列,单击"图表工具"→"格式"→"形状样式"→"形状填充",选择合适的填充颜色或者纹理效果。

(3)添加标签以及显示数据表:选择图表,单击"图表工具"→"设计"→"添加图表元素",选择添加合适的元素。

以上3步操作结束,结果如图7-23所示。

设置图表
格式

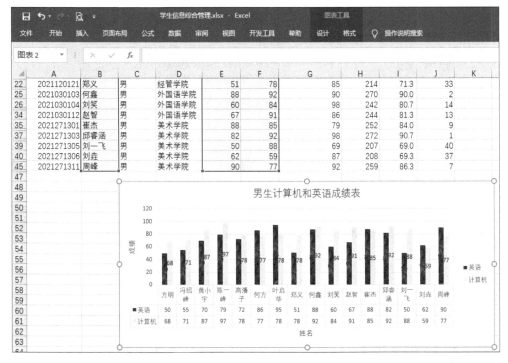

图 7-23　设置图表格式的界面

教师点拨：

（1）图表区域的选择有一定的技巧，如选择"计算机"区域，只需要任意单击一名学生的计算机成绩即可。但是若要选择某学生的计算机成绩，需要先选中所有学生的数据，接下来再次单击某学生的计算机成绩。

（2）通常情况下，应选择二维图表还是三维图表呢？一般选择二维图表更合适，三维图表有阴影等格式，让图表看起来没那么简洁，除非特别情况下要求使用三维图表。

7.2.2　制作迷你图

迷你图与图表不同之处是迷你图不是工作表中的对象，而是 Excel 中的一个微型图表，可以在一个单元格内显示一系列数值的变化趋势，同时还允许填充。在 Excel 中提供了 3 类迷你图，分别是折线、柱形及盈亏图。

迷你图工具如图 7-24 所示，包括编辑数据、更改类型、显示特殊点、更改样式、颜色、坐标轴的处理、清除迷你图等。

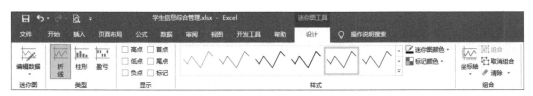

图 7-24　迷你图工具

迷你图

实训要求：

(1)在"学生成绩表"中增加一列"迷你图"。

(2)生成第一名学生3门课成绩的迷你图，选择折线迷你图。

(3)通过填充柄填充所有学生3门课成绩的迷你图。

(4)选中显示功能区高点，修改迷你图的颜色为绿色。

方法指导：

(1)有两种方法实现迷你图的操作。

方法1：选择数据源，单击"插入"→"迷你图"→具体的迷你图类型，选择放置位置，确定后完成其他单元格的填充，如图7-25所示。

图7-25　创建迷你图的步骤

方法2：选择放置结果的单元格，单击"插入"→"迷你图"→具体的迷你图类型，设置数据源，确定后完成其他单元格的填充。

两种方法的区别在于先选放置位置还是数据源，大同小异。

(2)显示功能区高点，单击"迷你图工具"→"设计"→"显示"→"高点"。

(3)修改迷你图颜色，单击"迷你图工具"→"设计"→"迷你图颜色"。

部分学生的迷你图如图7-26所示。

教师点拨：各种对单元格的操作对迷你图一样适用。删除迷你图用 Del 键是无法删除的，可以通过以下3种方法之一。

方法1：单击"迷你图工具"→"设计"→"分组"→"清除"→"清除所选的迷图"。

方法2：单击"开始"→"编辑"→"清除"→"全部清除"。

方法3：单击"开始"→"单元格"→"删除"→"单元格"。

学号	姓名	性别	学院	英语	计算机	思想道德修养	总分	平均分	排名	迷你图
2021010101	曹玲玲	女	文学院	78	72	83	233	77.7	20	
2021010102	邓婷	女	文学院	70	66	90	226	75.3	28	
2021010103	方明	男	文学院	50	68	89	207	69.0	40	
2021010104	冯绍峰	男	文学院	55	71	85	211	70.3	35	
2021010105	龚蕾丽	女	文学院	74	63	96	233	77.7	20	
2021010106	黄小宇	男	文学院	70	87	94	251	83.7	10	
2021010107	江潇潇	女	文学院	96	97	70	263	87.7	5	
2021010108	谭艺林	女	文学院	77	50	100	227	75.7	27	
2021010109	李晨曦	女	文学院	97	75	50	222	74.0	31	
2021010110	文静	女	文学院	70	65	79	214	71.3	33	
2021120111	蔡晓菲	女	经管学院	56	100	63	219	73.0	32	
2021120112	曹丹	女	经管学院	62	81	65	208	69.3	37	
2021120113	陈一峰	男	经管学院	79	97	89	265	88.3	4	
2021120114	邓燕	女	经管学院	73	70	53	196	65.3	44	
2021120115	高潘子	男	经管学院	72	78	57	207	69.0	40	
2021120116	何方	男	经管学院	86	77	83	246	82.0	12	
2021120117	张敏	女	经管学院	60	58	90	208	69.3	37	
2021120118	叶启华	男	经管学院	95	78	51	224	74.7	30	
2021120119	叶子	女	经管学院	72	68	71	211	70.3	35	
2021120120	张芳菲	女	经管学院	89	99	80	268	89.3	3	
2021120121	郑义	男	经管学院	51	78	85	214	71.3	33	
2021030101	安心妍	女	外国语学院	65	99	92	256	85.3	8	
2021030102	郭佳佳	女	外国语学院	72	72	96	240	80.0	15	
2021030103	何鑫	男	外国语学院	88	92	90	270	90.0	2	
2021030104	刘笑	男	外国语学院	60	84	98	242	80.7	14	
2021030105	王雨婷	女	外国语学院	91	78	66	235	78.3	19	
2021030106	曾晓敏	女	外国语学院	80	95	64	239	79.7	16	
2021030107	赵悦悦	女	外国语学院	76	81	73	230	76.7	24	
2021030108	曾宁	女	外国语学院	81	86	64	231	77.0	23	
2021030109	张娜	女	外国语学院	82	55	67	204	68.0	43	
2021030110	周一彤	女	外国语学院	59	92	82	233	77.7	20	
2021030111	李思思	女	外国语学院	76	73	76	225	75.0	29	
2021030112	赵智	男	外国语学院	67	91	86	244	81.3	13	
2021271301	崔杰	男	美术学院	88	85	79	252	84.0	9	
2021271302	方萌萌	女	美术学院	62	81	86	229	76.3	26	
2021271303	邱睿涵	男	美术学院	82	92	98	272	90.7	1	
2021271304	张淼	女	美术学院	67	88	81	236	78.7	17	
2021271305	刘一飞	男	美术学院	50	88	69	207	69.0	40	
2021271306	刘垚	男	美术学院	62	59	87	208	69.3	37	
2021271307	罗晓月	女	美术学院	85	91	73	249	83.0	11	
2021271308	陈萍萍	女	美术学院	51	81	98	230	76.7	24	
2021271309	张歌	女	美术学院	76	62	50	188	62.7	45	
2021271310	丁点儿	女	美术学院	60	83	93	236	78.7	17	
2021271311	周峰	男	美术学院	90	77	92	259	86.3	7	
2021271312	谢欣怡	女	美术学院	95	96	72	263	87.7	5	

图 7-26　部分学生的迷你图结果

7.2.3　创建双坐标轴图表

双坐标轴是 Excel 提供的另一种类型的图表,主要用于对比度差异较大的数据在同一个图表中展示,在 Excel 2016 及以上版本中的处理变得尤为简单,利用组合图的功能即可方便地实现。

实训要求:

(1)将"学生成绩表"中经管学院的学生成绩数据复制一份(不包括迷你图例),命名为"经管学院学生成绩双坐标轴图"。

创建双坐标轴图表

(2)依次选择"姓名""总分""排名"3 列数据作为数据源,生成簇状柱形图。

(3)考虑到"排名"系列数据较小,个别显示贴近坐标轴,所以更改图表类型为组合图,其中"排名"系列出现在次要坐标轴,类型为带数据标记的折线图,如图 7-27 所示。

(4)修改图表标题为"经管学院学生总分和排名统计图"。

(5)添加"排名"数据标签,居中显示。

(6)渐变填充"总分"系列,"浅色变体—从中心"。

后 3 步完成后的界面如图 7-28 所示。

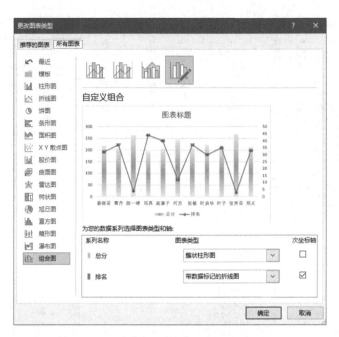

图 7-27　组合图的选择界面

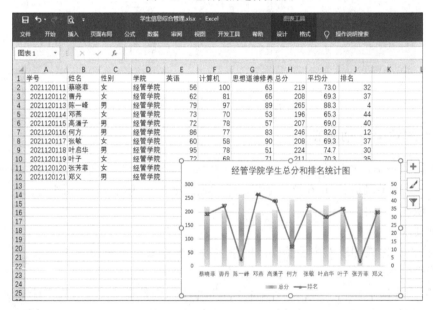

图 7-28　设置双坐标轴的结果

方法指导：

(1)更改图表类型：选中图表，单击"图表工具"→"设计"→"类型"→"更改图表类型"。

(2)渐变填充：第 1 次在图表上单击某学生的总分即能选中总分系列。单击"图表工具"→"格式"→"形状样式"→"形状填充"→"渐变"→"变体"，选择"浅色变体—从中心"。

教师点拨：坐标轴的刻度单位也是可以修改的，在"图表工具"→"设计"→"添加图表元素"中找到对应的位置，进入设置即可；或者通过自定义布局进行设置。

7.2.4　创建数据透视表

数据透视表是 Excel 提供的适用于多个字段进行分类汇总操作的一个工具，可以快速汇总大量数据。其中的切片器提供了丰富的可视化功能，可以动态分割和筛选数据，以显示用户需要的确切内容，本质就是筛选。

二级考点：数据透视表的使用

创建数据透视表的思维导图如图 7-29 所示。

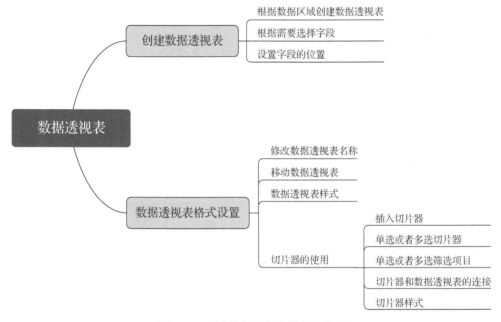

图 7-29　创建数据透视表的思维导图

实训要求：

(1) 在"学生获奖信息"表中统计各学院男女生获奖的数目，按级别进行筛选，修改数据透视表名称为"各学院同学获奖的数目"，放置在本工作表中。

(2) 修改行标签为"学院"，列标签为"性别"，套用数据透视表样式为"褐色，数据透视表深色 3"，如图 7-30 所示。

(3) 在"学生获奖信息"表中，统计各学院各个比赛一等奖的获奖情况。数据透视表在新表中生成，新生成工作表重命名为"各学院比赛一等奖的获奖情况"。

(4) 修改行标签为"学院"，列标签为"奖项"，如图 7-31 所示。

图 7-30　数据透视表实现"各学院同学获奖的数目"的结果

方法指导：单击数据区域，单击"插入"→"数据透视表"，核对数据区域，选择数据透视表的放置位置(本工作表某个区域或者新工作表)。接着将出现的数据透视表的字段分别拖入对应的行、列、值和报表字段的位置，根据具体要求来设置。最后适当地对数据透视表进行调整或者格式设置。

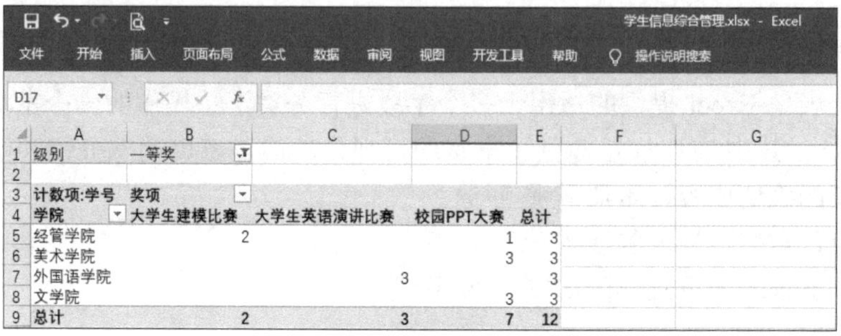

图 7-31　数据透视表实现"各学院比赛一等奖的获奖情况"

考虑到切片器的使用对不少人来说比较陌生，这里通过一个案例来说明。在"学生获奖信息"表中，使用切片器针对数据透视表"各学院同学获奖的数目"进行处理。首先在数据透视表工具中找到"筛选"功能区，插入切片器；接着选中准备筛选的对象；最后通过单选或者多选查看数据，如图 7-32～图 7-36 所示。

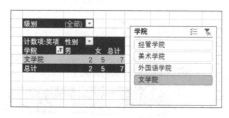

图 7-32　插入切片器

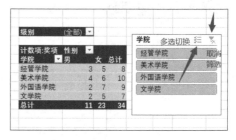

图 7-33　切片器"学院"的工具介绍

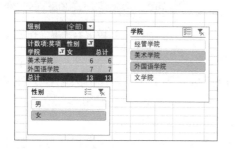

图 7-34　"学院"切片器单选的情况

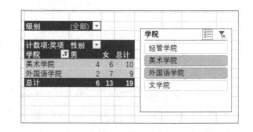

图 7-35　"学院"切片器多选的情况

此处暂时只选择"学院"，在图 7-33 中选择：单选某个学院或者多选几个学院。

在处理时也允许再添加一个切片器，共同完成对数据透视表的筛选处理。如果一个工作表中出现多个数据数据透视表，使用切片器时需要指定链接的数据透视表具体是哪一个。相对来讲这种情况较少，此处不赘述。

图 7-36　"学院"和"性别"多切片器使用的情况

7.2.5　创建数据透视图

数据透视图的生成有两种方式：一种是直接用数据透视表的数据作为数据源，插入图表的方式生成；另一种与数据透视表的操作类似，选择数据源后，插入图表工具的数据透视图，生成之后利用数据透视图工具即可进行后续的操作处理。数据透视表字段可以显示或者隐藏；单击柱形图，出现数据透视图工具，其中前两个选项卡和数据透视表工具类似，最后一个是针对对象的格式设置，根据需要设置即可。

二级考点：数据透视图的使用

实训要求：以"各学院比赛一等奖的获奖情况"表中的数据透视表为数据源，生成簇状柱形图的数据透视图，更改颜色为"彩色调色板 4"，设置图表"样式 3"，结果如图 7-37 所示。

数据透视图

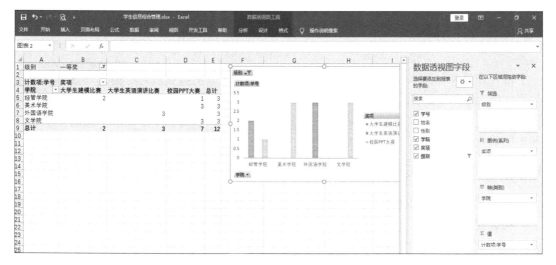

图 7-37　数据透视图的生成及基本设置

方法指导：

(1)选择数据源：单击"插入"→"图表"→"数据透视图"→"簇状柱形图"。

(2)更改颜色：单击"数据透视表工具"→"设计"→"图表样式"→"更改颜色"，选择要求的颜色。

(3)设置图表样式：单击"数据透视表工具"→"设计"→"图表样式"，选择要求的样式。

第8章

Excel 表格的综合应用

经过了前面第 5~7 章的学习，大家对 Excel 的应用有了大概了解。本章通过 8 个综合实训(包括格式设置和计算、公式和函数、数据处理和图表化及控件使用)对 Excel 的功能进行补充讲解，以加强理解，达到举一反三的效果。

8.1 基本格式设置和计算练习

格式设置和计算练习是 Excel 软件中最基本的功能，对数据表进行格式设置可以美化数据区域，提升数据表的观感；计算是对数据表中的数据进行处理的基本方法，通过计算，可以一目了然地进行数据对比。这两项对于用户来说非常有必要。下面两个案例分别针对基本格式设置和计算来处理数据表。

8.1.1 成绩表格式设置

本节实训要求在"成绩表格式设置.xlsx"文档中完成。

实训要求：

成绩表格
式设置

(1)表格标题与表格数据中间空一行，然后将表格标题设置为蓝色、加粗、楷体、16磅、加下划线，合并且居中对齐。

(2)将制表日期数据合并后右对齐，设置为隶书，斜体。

(3)将表格各列标题设为粗体，居中；再将表格中其他内容居中，平均分保留 1 位小数。

(4)使"优秀率"这行与上面的数据间空一行，然后将"优秀率"设为 45 度方向，其值用百分比样式表示并居中。

(5)给表格 D9:J19 区域添加边框，外框为最粗的单线，内线为最细的单线，"最高分"这行的上框线和各列标题的下框线为双线，深红色。

(6)设置单元格的填充色，将各列标题、"最高分"、"平均分"及"优秀率"设为"橙色，个性色 2，淡色 40%"。

(7)对学生的总分设置条件格式：总分>270，用深红色填充；240<=总分<=270，用蓝色，加粗，斜体。

(8)将"高等数学"、"计算机基础"及"大学英语"各列宽度设为"自动调整列宽"。

(9)将表格标题的行高设为 25 磅，并将行的文字垂直居中对齐。

(10)将工作表中的"表格 2"自动套用"表样式浅色 10"样式，然后将该表格的填充色改为"金色-个性色 4-淡色 60%"。

效果如图 8-1 所示。

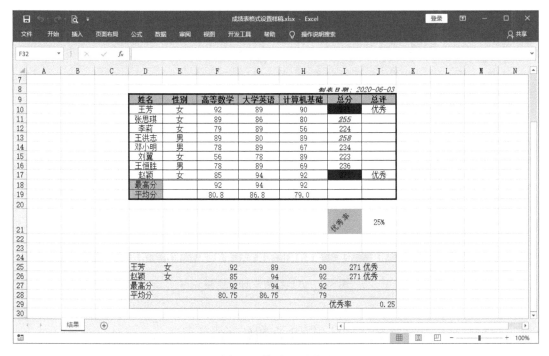

图 8-1　格式设置结果

8.1.2　成绩表计算

本节实训要求在"成绩表计算.xlsx"文档中完成。

实训要求：

（1）在 sheet1 表的"姓名"列后面插入"性别"列；用数据验证功能输入每名学生对应的性别值，其中女生为"true"，男生为"false"。

对应关系如下：

王芳(女)张思琪(女)李莉(女)王洪志(男)邓小明(男)刘翼(女)王恒胜(男)赵颖(女)

（2）计算每名学生的总分，并求出各科目的最高分、平均分；再利用 IF 函数针对"总评"列求出"优秀"学生(总分>=270 分，其他填入"一般")；最后求出优秀率，将结果填入 G14，百分比形式，保留一位小数。

（3）将表格的标题改为"计算机 2 班 3 组部分科目成绩表"。

（4）将每名学生的各科成绩及总分复制到从 A17 起始的区域，形成第 2 个表格。在第 2 个表格中只保留总评为"优秀"的学生数据。

（5）将 sheet1 工作表重命名为"成绩表"，保存文件。

效果如图 8-2 所示。

成绩表计算

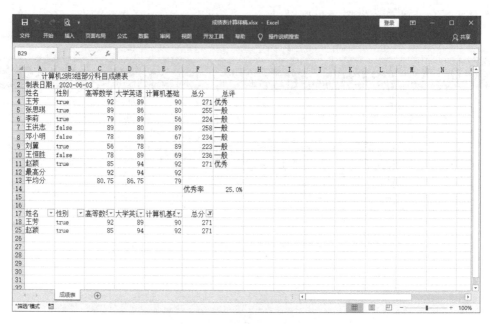

图 8-2 "成绩表"计算结果

8.2 公式和函数综合练习

公式和函数是 Excel 计算功能方面最主要的体现，运用起来非常灵活，难度也较大。读者可以通过常用公式和函数的学习逐步掌握其使用方法，能够看懂函数的帮助信息，这将有助于举一反三地学习新函数。同时，也要特别注意函数的应用环境、参数的选择等。下面两个案例将帮助大家学习巩固常用公式函数。

8.2.1 基金销售统计

本节实训要求在"基金销售统计.xlsx"文档中完成。

实训要求：

(1) 将 A1:J1 区域进行合并居中，字号 16 磅、隶书、加粗。

(2) 计算总销售金额(使用 SUM 函数)。

(3) 计算各销售员总销售金额的名次(使用 RANK 函数)。

(4) 计算基金销售金额在 50000 及 50000 以上所占的比例，自定义公式计算(公式中可以使用 COUNTIF 和 COUNT 两个函数)，结果保留 1 位小数的百分比样式。

(5) 计算每月的最高销售金额(使用 MAX 函数)。

(6) 计算每月的最低销售金额(使用 MIN 函数)。

(7) 计算一季度销售金额在不同范围的个数(可以使用 FREQUENCY 函数)。

效果如图 8-3 所示。

基金销售
统计

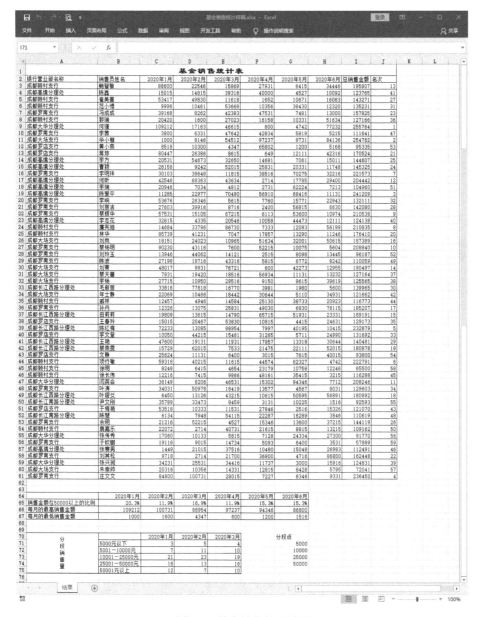

图 8-3　基金销售统计结果

8.2.2　会考成绩处理

本节实训要求在"会考成绩处理.xlsx"文档中完成。

实训要求：

（1）在 sheet1 表最上方插入一行，输入"一班会考科目成绩表"，设置合并后居中，蓝色、黑体、24 磅、黄色填充，并将所有数据垂直水平居中。

（2）在"地理等级"列利用以下规则填充：80～100 分为 A 等，70～79 分为 B 等，60～69 分为 C 等，0～59 分为 D 等。同理计算"生物等级"列。

会考成绩
处理

（3）在"地理计入中考分值"列根据"地理等级"列填充，A 等：20 分，B 等：16 分，C 等：12 分，D 等 8 分。同理计算"生物计入中考分值"列的值。

（4）在"两科计入中考分值"列，利用公式或者函数计算地理和生物总计中考分值。

（5）对 A2:I52 区域套用表格样式"橙色，表样式中等深浅 10"。

（6）修改工作表名称为"会考成绩表"，复制一张以"成绩表排序"命名，同时删除首行标题，且删除 A54 单元格中的内容。在"成绩表排序"中，先按照"两科计入中考分值"列降序排序，若相同，以"姓名"列降序排序。

（7）复制一张"成绩表排序"表，以"成绩表筛选"命名，筛选出地理或者生物成绩为"D"的学生信息。

（8）在"会考成绩表"中 D54 和 G54 单元格中分别计算地理和生物等级为 A 的人数。

效果如图 8-4～图 8-6 所示。

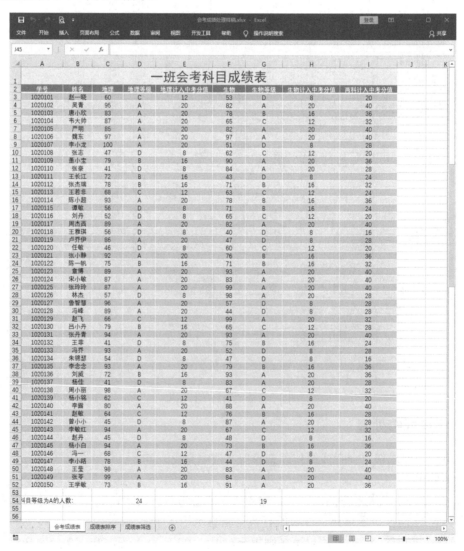

图 8-4　会考成绩表

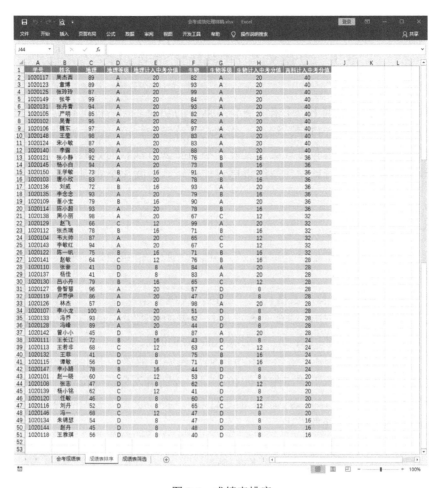

图 8-5　成绩表排序

图 8-6　成绩表筛选

8.3　数据处理和图表化综合练习

数据处理和图表化对于 Excel 来讲是非常重要的功能之一，仅仅有了计算出来的数据仍然不够直观，对数据进行排序、筛选、分类汇总等操作，可以更方便地查看统计数据的结果。图表化使得数据的查看方式更加友好，不需要去看烦琐的数据，只需要查看所关心数据的统计图即可，多种统计图使得结果更方便展示。下面 3 个实训主要从这几个方面展开讲解。

8.3.1　职工信息处理

本节实训要求在"职工信息处理.xlsx"文档中"职工信息表"工作表中完成。

实训要求：

(1)对"职工信息表"套用表格样式"蓝色，浅色 9"。

职工信息
处理

(2)在"职工信息表"中，结合"数据信息"表的数据求出员工工号、部门、科别、职位，其中工号前 4 位是部门编码，分别填入合适的位置。

(3)在"职工信息表"中，结合"省市代码"表中的数据，求出职工的户籍所在地，根据"身份证号"列求出职工的出生日期和性别，分别填入合适的位置。

(4)新建一个工作表，命名为"职工信息处理"，将"职工信息表"内容复制，选择性粘贴数值存入"职工信息处理"表。

(5)在"职工信息处理"表中，按"部门"为主要关键字升序、"性别"为次要关键字升序、"户籍所在地"为再次要关键字降序排序。

(6)在"职工信息处理"表中，创建数据透视表，统计每个部门不同性别的员工人数，并修改行标签为"部门"，列标签为"性别"，筛选字段为"科别"。

效果如图 8-7 和图 8-8 所示。

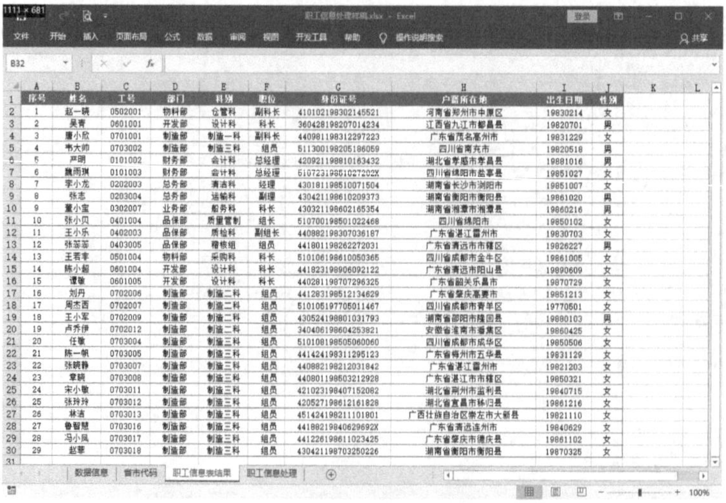

图 8-7　职工信息处理结果

图 8-8　职工信息排序及统计结果

8.3.2　员工综合素质评分

本节实训要求在"员工综合素质评分.xlsx"文档中完成。

实训要求：

（1）数据表最上方插入一行，输入文字"20**年公司员工年度综合素质评分表"，且合并居中，红色、20 磅、黑体、黄色填充。

（2）"编号"列以"00110301"开始到"00110322"填充，给工作表重命名为"员工年度综合素质评分表"。

员工综合
素质评分

（3）给表格加上边框：外边框为红色双实线，内部线条为蓝色单虚线，标题下框线为蓝色细实线。

（4）使用公式计算出每位员工的总评分：总评分＝工作业绩×50%＋工作态度×20%＋工作能力×30%，计算结果放到对应的单元格中，设置该列为数值型，保留一位小数。

（5）计算每位员工的总评分排名，填入对应的位置。

（6）员工总评分以 80 分为分界点，大于等于 80 分为合格，小于 80 分为不合格。

（7）突出显示不合格员工的姓名，红色填充。

（8）以"部门"为主要关键字升序、"总评分"为次要关键字降序对数据进行排序。

（9）复制工作表，命名为"不合格员工综合素质情况"，在该表中筛选出不合格的员工，以筛选结果选择"姓名""工作业绩""工作态度""工作能力"列在当前表中创建一个簇状柱形图，图表标题为"不合格员工综合素质情况"，横坐标轴标题为"姓名"，纵坐标轴设置为竖排标题"各项评分",并增加图例。

(10)对图表应用图表"样式 4",数据标签居中显示,数据标签的内容是各个评分的数值。

结果如图 8-9 和图 8-10 所示。

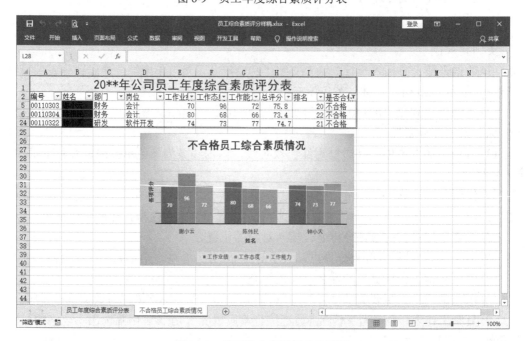

图 8-9　员工年度综合素质评分表

图 8-10　员工综合素质评分柱形图

8.3.3　学生招生情况统计

本节实训要求在"学生招生情况统计.xlsx"文档中完成。

实训要求：

（1）在 sheet1 表中，统计该校在不同省份录取总人数和该省份每个学院的录取最高分。

（2）在 sheet2 表中，数据居中显示，用函数计算每个学院的录取人数，显示在数据源右侧数据表中，同时计算所占比例，以百分比形式显示且保留两位小数。

学生招生
情况统计

（3）在 sheet2 数据表中，设计图表，名称为"各学院录取人数以及比例"，因数据差别较大，使用双坐标轴处理。其中，各学院录取人数用簇状柱形图，用"蓝色面巾纸"纹理填充，数据标签居中显示对应的值；比例用带数据标记的折线图，数据标签在上方显示。

（4）在 sheet3 数据表中，设置纸张为 B5，纸张方向为横向，页边距上下各 3 厘米，左右各 2 厘米，居中方式为"水平垂直居中"；打印区域设置为广东省的录取情况。

（5）工作表 sheet1 重命名为"各省份不同学院的录取人数和最高分统计"；工作表 sheet2 重命名为"各学院录取人数以及比例数据和图表"；工作表 sheet3 重命名为"我校在广东省的录取情况"，如图 8-11～图 8-13 所示。

图 8-11　各省份不同学院的录取人数和最高分统计

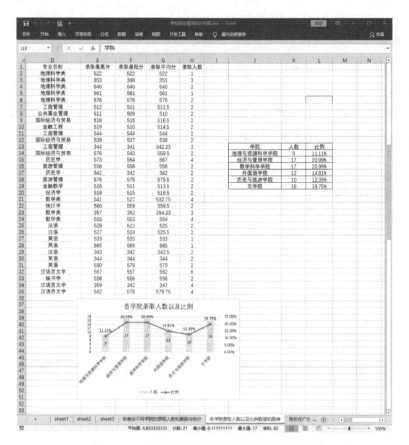

图 8-12 各学院录取人数及比例数据和图表

省份名称	科类	学院	专业名称	录取最高分	录取最低分	录取平均分	录取人数
广东	理工	地理与资源科学学院	地理科学类	522	522	522	1
广东	文史	地理与资源科学学院	地理科学类	561	561	561	1
广东	理工	经济与管理学院	工商管理	512	511	511.5	2
广东	理工	经济与管理学院	公共事业管理	511	509	510	2
广东	理工	经济与管理学院	国际经济与贸易	518	515	516.5	2
广东	理工	经济与管理学院	金融工程	519	510	514.5	2
广东	文史	历史与旅游学院	历史学	573	564	567	4
广东	文史	历史与旅游学院	旅游管理	556	556	556	2
广东	理工	数学科学学院	金融数学	516	511	513.5	2
广东	理工	数学科学学院	经济学	518	515	516.5	2
广东	理工	数学科学学院	数学类	541	527	532.75	4
广东	理工	数学科学学院	统计学	560	559	559.5	2
广东	理工	外国语学院	法语	528	522	525	2
广东	理工	外国语学院	日语	527	524	525.5	2
广东	理工	外国语学院	英语	533	533	533	1
广东	文史	外国语学院	英语	565	565	565	1
广东	文史	文学院	汉语言文学	567	557	562	6
广东	文史	文学院	秘书学	556	556	556	2
江苏	理工	地理与资源科学学院	地理科学类	353	348	351	3
江苏	文史	经济与管理学院	工商管理	344	341	342.33	3
江苏	文史	历史与旅游学院	历史学	342	342	342	2
江苏	理工	数学科学学院	数学类	357	352	354.33	3
江苏	文史	外国语学院	法语	343	342	342.5	2
江苏	文史	外国语学院	英语	344	344	344	2
江苏	文史	文学院	汉语言文学	359	342	347	4
陕西	理工	地理与资源科学学院	地理科学类	540	540	540	2
陕西	文史	地理与资源科学学院	地理科学类	576	576	576	2
陕西	理工	经济与管理学院	工商管理	544	544	544	2
陕西	理工	经济与管理学院	国际经济与贸易	539	537	538	2
陕西	文史	历史与旅游学院	国际经济与贸易	576	543	559.5	2
陕西	文史	历史与旅游学院	旅游管理	576	575	575.5	2
陕西	理工	数学科学学院	数学类	555	553	554	4
陕西	文史	外国语学院	英语	580	578	554	4
陕西	文史	文学院	汉语言文学	582	578	579.75	4

图 8-13 我校在广东省的录取情况

8.4　控件的使用

本节实训要求在"日程安排表.xlsx"文档中 sheet1 工作表中完成。

二级考点：控件和宏功能的简单应用

实训要求：

(1)选择 Excel 中的"开发工具"→"插入"→"复选框(窗体控件)"命令，在 F7:F11 区域中分别插入复选框，且删除每一个复选框的标签。

(2)将 5 个复选框靠左对齐、纵向分布。

控件的使用

(3)对每个复选框做以下操作：右击复选框，选择"设置控件格式"→"控制"→"单元格链接"，每个复选框与其右侧单元格链接。

(4)合并 D4:E4 区域，设置单元格格式为百分比，输入公式，完成进度条的统计。(公式形式：=COUNTIF(E:E,TRUE)/COUNTA(E:E)，具体以逻辑型值的区域为准)

(5)对 D4 单元格设置绿色数据条，然后将最小值和最大值分别设为 0 和 1。

(6)对 C6:F11 区域套用绿色，表样式中等深浅 7，设置字体楷体，20 磅；对 C7:C11 区域设置格式为日期型，格式如"2012-03-14"；隐藏 G 列。

(7)保存文件。

效果如图 8-14 所示。

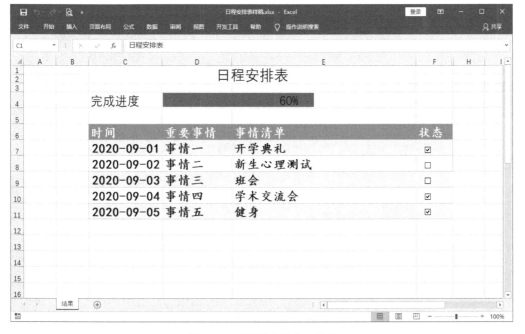

图 8-14　"日程安排表"效果

第9章

PowerPoint 的图形图像编辑和设计

一个演示文稿，如果只有文字，那么会显得单调、枯燥，因此 PowerPoint 提供了在幻灯片中加入形状、图片、SmartArt 图形等操作。通过添加这些对象，用户可以制作出图文并茂的演示文稿。本章思维导图如图 9-1 所示。

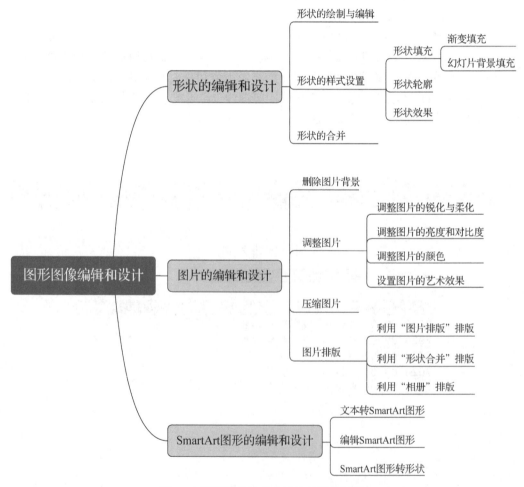

图 9-1　图形图像编辑和设计的思维导图

9.1　形状的编辑和设计

二级考点：图形的编辑和应用

在 PowerPoint 的制作过程中，"形状"是很常用的一个工具。形状包括 9 大类：线条、矩形、基本形状、箭头总汇、公式形式、流程图、星与旗帜、标注、动作按钮。

9.1.1　形状的绘制与编辑

绘制形状的方法有两种。

方法 1：单击"开始"→"绘图"→"⎹"。

方法 2：单击"插入"→"插图"→"形状"，在弹出的下拉列表中选择任意形状进行绘制。

绘制好的形状不一定能满足用户的需求，可以通过编辑，将形状更改为自己需要样子。

选中已绘制的形状，单击"绘图工具格式"→"插入形状"→"编辑形状"→"编辑顶点"，形状上会出现黑色或白色的控制点，将鼠标指针放在控制点上拖动，调整形状顶点的位置，对形状进行变形，如图 9-2 所示。

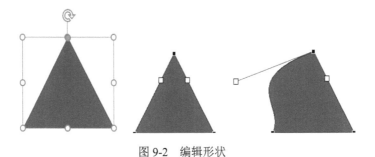

图 9-2　编辑形状

9.1.2　形状的样式设置

形状的样式设置包括形状的填充、形状的轮廓和形状的效果。在 PowerPoint 中，提供了预设形状样式库，用户可以直接选择使用。如果样式库中没有需要的样式，用户可以单击"形状填充""形状轮廓""形状效果"按钮，设置自己需要的形状样式。

1. 形状填充

形状填充包括纯色填充、渐变填充、图片或纹理填充、幻灯片背景填充。

1）渐变填充

渐变是由至少两种不同颜色组成的颜色递变的效果。PowerPoint 提供了预设渐变，用户可以对渐变类型、渐变方向、渐变角度以及渐变光圈进行设置。渐变光圈是设置渐变的核心，它包含渐变的颜色、位置、透明度和亮度。用户可以添加和删除渐变光圈，以调配出需要的渐变色。

渐变填充

图 9-3 渐变填充效果

实训要求：利用渐变填充，设置如图 9-3 所示圆形效果。

教师点拨：如何快速绘制正圆、正方形。在绘制形状时先按 Shift 键再拖动鼠标绘制，可锁定形状的长宽比例，从而快速绘制出长宽相等的形状。

复制形状快捷键 Ctrl+Shift：选中形状后，按 Ctrl+Shift 快捷键的同时拖动鼠标，可水平或垂直方向复制形状。

复制形状快捷键 Ctrl+D：使用 Ctrl+D 快捷键可斜向下 45°复制形状，这是 PowerPoint 中最常用的快捷键之一，它不仅可以用于页面内对象的复制和粘贴，对于页面的复制/粘贴同样适用。

通常使用 HSL 模式来选择渐变光圈的颜色，这样制作出来的渐变色过渡比较流畅。通过对左右渐变光圈位置和透明度的调整，可以达到如图 9-3 所示的渐变效果。

2）幻灯片背景填充

利用幻灯片背景填充可以制作出各种组合文字、线条断开、虚实对比或者色彩对比等效果，如图 9-4 和图 9-5 所示。

图 9-4 幻灯片背景填充——组合文字

图 9-5 幻灯片背景填充——虚实对比

2．形状轮廓

形状轮廓设置包括形状轮廓颜色、粗细、虚线等。

形状轮廓

实训要求：利用幻灯片背景填充和形状轮廓，设置如图 9-6 所示效果。

方法指导：

（1）绘制一个三角形，设置较粗的轮廓和无填充色。

（2）绘制一个矩形，设置无轮廓和幻灯片背景填充，输入文字。

图 9-6 幻灯片背景填充和形状轮廓设置效果

教师点拨：图中的形状轮廓颜色和文字填充色来自幻灯片背景图片，利用取色器可轻松实现取色填充。选取矩形，单击"绘图工具格式"→"艺术字样式"→"文字填充"，在下拉列表中单击"取色器"，鼠标指针变成一个吸管，将吸管放在图片相应的位置单击，即可完成取色填充。"形状轮廓"下拉列表中也有"取色器"命令。

3. 形状效果

形状效果包括阴影、映像、发光、柔化边缘、棱台和三维旋转，利用这些功能，可以制作出富有立体感的形状。

实训要求：利用形状效果，设置如图 9-7 所示的圆形三维效果。

教师点拨：通过对圆形进行顶部棱台、填充透明度参数设置，即可制作出圆形三维效果。

图 9-7　圆形三维效果

三维形状
效果

9.1.3　形状的合并

形状合并是指两个及以上形状进行加减运算，得到一个新的形状，包括形状结合、形状组合、形状拆分、形状相交及形状剪除 5 种类型，如图 9-8 所示。

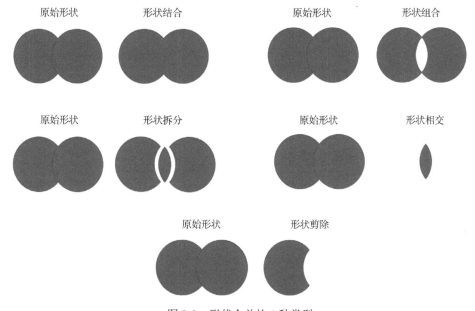

图 9-8　形状合并的 5 种类型

形状合并除了运用于形状和形状之间以外，也可运用于形状和文本框、形状和图片、图片和文本框等不同对象之间。在图片上截取部分素材(图 9-9)、制作镂空文字(图 9-10)、替换文字部分笔画(图 9-11)等操作，都可以通过形状合并来实现。

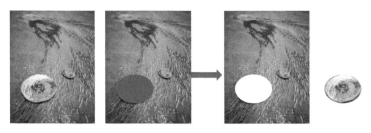

图 9-9　图片与形状拆分

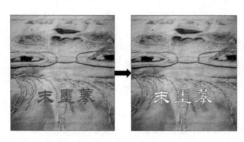
图 9-10　形状与文本框剪除

图 9-11　文本框与形状拆分

教师点拨：

（1）两个对象进行合并操作时，假设一个对象为 A，一个对象为 B，那么 A+B/A–B 与 B+A/B–A 的效果是完全不同的。所以在使用此功能时请注意对象选择的顺序及叠放层次。此外，如果两个对象颜色不同，合并后的颜色也同对象选择的顺序相关，合并后的填充颜色取自先选择的对象颜色。

（2）形状合并需要两个及以上的对象才能实现，所以对文字进行拆分时可以通过以下两种方法来完成。

方法 1：将文字分别放置在两个及以上文本框中，全部选中后再进行拆分。

方法 2：将文字放置在同一个文本框中，选中文本框的同时再选取页面中任意一个形状进行拆分。

（3）拆分是按笔画进行的，连笔的部分是没有办法拆分的，所以拆分之前要选择合适的字体。

9.2　图片的编辑和设计

二级考点：图片（像）的编辑和应用

在幻灯片制作中，常会插入一些图片，以达到图文并茂的效果。PowerPoint 中可以插入的图片类型有 JPG、BMP、PNG、GIF 等。用户可以通过"插入"→"图像"→"图片"命令将图片插入幻灯片页面中，也可以直接将图片复制/粘贴到幻灯片页面中。下面介绍关于图片的常用操作。

9.2.1　删除图片背景

在幻灯片中插入一些图片时，可能会因为图片原有的背景破坏了整个页面的协调感。这时需要将图片的背景删除，也就是在图片处理中常提到的抠图。

如图 9-12 所示，在删除背景操作过程中，可以通过调整保留区域的框线来更改要保留的部分。此外，也可以通过"标记要保留的区域"和"标记要删除的区域"两个按钮对要保留的部分进行更改。

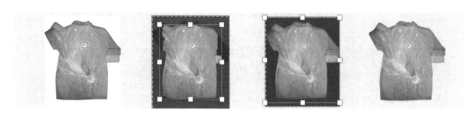

图 9-12　删除图片背景

教师点拨：

（1）使用删除背景功能进行抠图时，需选取一些背景色彩较单一、与需要抠出的部分容易区分开的图片。色彩比较复杂的图片抠图效果较差。

（2）在网上下载图片时，尽量选择 PNG 格式图片，这是一种无损压缩的位图格式。它的特点是背景透明，非常适合在幻灯片中使用。

（3）虽然有些图片背景颜色单一，但使用"删除背景"命令可能达不到理想效果，这时可以使用"设置透明度"命令实现抠图。单击"图片工具格式"→"调整"→"颜色"→"设置透明度"，鼠标指针将变成一个吸管。在背景颜色上单击，背景颜色即变成透明色，达到去除背景的效果。删除背景和设置透明度操作的效果对比如图 9-13 所示。

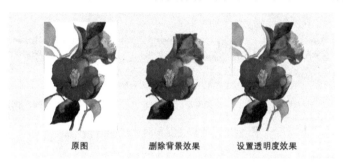

图 9-13　删除背景与设置透明度操作的效果对比

9.2.2　调整图片

演示文稿制作中，经常会使用图片作为幻灯片背景，而图片的原图常会因为过于鲜艳或过于清晰等原因，不适合用作幻灯片背景。这时可以对图片进行一系列调整，以满足制作需要。

1. 调整图片的锐化与柔化

当幻灯片中插入的图片不是很清晰时，通过锐化，可以提高图片中某些部位的清晰度，使特定区域的色彩更加鲜明。而通过柔化可以虚化图片，模糊画面。锐化和柔化的效果如图 9-14 所示。

单击"图片工具格式"→"调整"→"校正"，在打开的下拉列表中选择预设的锐化/柔化样式。还可以单击"图片工具格式"→"调整"→"校正"→"图片校正选项"，在打开的"设置图片格式"窗格中"图片校正"组中设置需要的清晰度。

彩图 9-14

原图   柔化50%效果   锐化50%效果

图 9-14   锐化和柔化的效果

2. 调整图片的亮度和对比度

亮度是指画面的明暗程度，对比度是指画面的明暗反差程度。增加对比度，画面中亮的地方会更亮，暗的地方会更暗，对比度强的画面给人感觉清晰，对比度低则感觉柔和。

单击"图片工具格式"→"调整"→"更正"，在打开的下拉列表中选择预设的亮度/对比度样式。还可以单击"图片工具格式"→"调整"→"更正"→"图片更正选项"，在打开的"设置图片格式"窗格中"图片更正"组中分别对"亮度"和"对比度"进行设置。调整亮度和对比度的效果如图 9-15 所示。

彩图 9-15

亮度0%，对比度0%   亮度0%，对比度+20%   亮度+20%，对比度0%

图 9-15   调整亮度和对比度的效果

3. 调整图片的颜色

有时候图片插入幻灯片中，与原本的页面色调不协调，看起来比较杂乱，这时可以对图片的颜色饱和度、色调进行调整，以统一页面的配色。也可以通过对图片进行重新着色，达到需要的效果。

颜色饱和度是指色彩的鲜艳程度，也称作纯度。饱和度越高，色彩表现越鲜艳；饱和度越低，色彩表现越暗淡；饱和度为 0，图片显现黑白色。在演示文稿制作中，不适合选用高饱和度的图片，色彩过于浓艳会给人眼花缭乱的感觉，而低饱和度的图片给人安静、理性的感觉。所以幻灯片中插入的图片饱和度设置为 33%或 66%比较合适。

单击"图片工具格式"→"调整"→"颜色"，在打开的下拉列表中选择预设的颜色饱和度样式。还可以单击"图片工具格式"→"调整"→"颜色"→"图片颜色选项"，在打开的"设置图片格式"窗格中"图片颜色"组中设置需要的饱和度。调整饱和度的效果如图 9-16 所示。

色温可以简单理解为色彩的温度。色温低，图片会偏冷色，而色温高，图片会偏暖色。单击"图片工具格式"→"调整"→"颜色"，在打开的下拉列表中选择需要的预设色温样式。还可以单击"图片工具格式"→"调整"→"颜色"→"图片颜色选项"，在打开的"设置图片格式"窗格中"图片颜色"组中设置需要的色温。调整色温的效果如图 9-17所示。

彩图 9-16

原图　　　　　颜色饱和度0%　　　　颜色饱和度66%　　　　颜色饱和度400%

图 9-16　调整饱和度效果

彩图 9-17

原图　　　　　色温4700k　　　　色温6500k　　　　色温11200k

图 9-17　调整色温效果

当插入的图片与演示文稿的主色调不一致时，可以通过"重新着色"来改变图片颜色。单击"图片工具格式"→"调整"→"颜色"，在打开的下拉列表中选择需要的预设样式。不同样式的效果如图 9-18 所示。

彩图 9-18

原图　　　　　蓝色，个性色1深色　　　　橙色，个性色2深色　　　　灰色-50%，个性色3深色

图 9-18　预设样式效果

4. 设置图片的艺术效果

使用"艺术效果"功能，可以对图片进行虚化、玻璃、铅笔素描等 23 种艺术效果的处理。

单击"图片工具格式"→"调整"→"艺术效果"，在打开的下拉列表中选择需要的艺术效果。其中"线条图""画图笔划""水彩海绵"3 种艺术效果如图 9-19 所示。

原图　　　　　线条图　　　　画图笔划　　　　水彩海绵

图 9-19　3 种艺术效果

虚实对比

实训要求：利用"幻灯片背景填充"和图片"艺术效果"，设计如图 9-20 所示的页面效果。

图 9-20　幻灯片背景填充——虚实对比

方法指导：

(1)幻灯片背景填充为"水彩.jpg"。

(2)插入"水彩.jpg"，设置艺术效果为"虚化"。

(3)插入"放大镜.png"，绘制一个圆形与放大镜一样大，圆形形状填充设置为幻灯片背景填充，将放大镜图片与圆形重叠组合。

9.2.3　压缩图片

演示文稿中通常会插入大量高分辨率的图片，这样会导致整个演示文稿很大，影响操作和放映的速度。利用 PowerPoint 提供的"压缩图片"功能，可以对图片进行压缩，以削减演示文稿的大小。

单击"图片工具格式"→"调整"→"压缩图片"，打开如图 9-21 所示对话框。取消选中"仅应用于此图片"复选框，确定后将完成所有图片的压缩操作。演示文稿中会有大量经过裁剪的图片，而裁剪掉的区域其实依然保存在演示文稿中，选中"删除图片的剪裁区域"复选框，将会删除所有裁剪掉的区域，从而减小文件的大小。"压缩图片"提供了多种分辨率供用户选择，以满足用户的不同需求。

图 9-21　"压缩图片"对话框

9.2.4　图片排版

在一张幻灯片页面中通常会放置多张图片,如何让版面看起来既舒服又美观呢?下面我们来介绍图片的排版。

1. 利用"图片版式"排版

如果幻灯片上已插入多张图片,全部选中后,单击"图片工具格式"→"图片样式"→"图片版式",如图 9-22 所示。从中选取合适的 SmartArt 图形,即可快速将图片排版好。

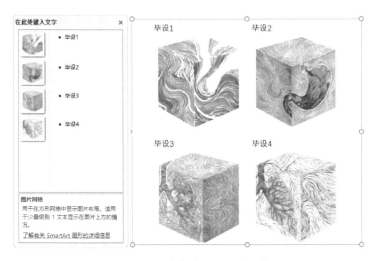

图 9-22　图片版式——图片网络

2. 利用"形状合并"排版

如果幻灯片中插入的图片较大,不利于排版,而缩小后效果也不佳,可以截取图片中的一部分细节来排版。

实训要求:利用"形状合并",制作如图 9-23 所示页面。

形状合并

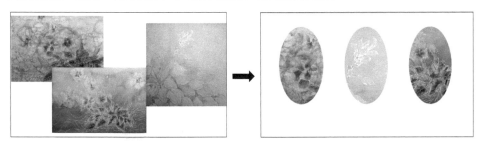

图 9-23　"形状合并"排版

方法指导:绘制一个椭圆,拖放至图片上合适位置,图片和椭圆进行"相交"操作,即可将图片的内容填充至椭圆中。

3. 利用"相册"排版

当演示文稿中需要批量插入图片时,或需要制作一份简单的电子相册,可以使用PowerPoint 提供的"相册"功能来快速实现。

单击"插入"→"图像"→"相册",打开"相册"对话框。单击"文件/磁盘"按钮,在打开的"插入新图片"对话框中选择需要插入的图片,单击"插入"按钮。单击"图片版式"下拉列表,选择"2 张图片"的版式。再单击"相框形状"下拉列表,选择"柔化边缘矩形",如图 9-24 所示。单击"创建"按钮,即可完成相册制作,如图 9-25 所示。

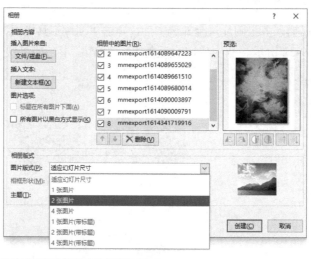

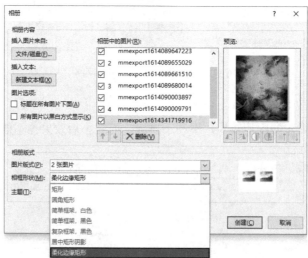

图 9-24 "相册"对话框

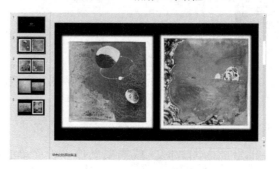

图 9-25 制作完成的相册

教师点拨：

(1)在"相册"对话框中，还可以选择一种主题来创建相册。

(2)选中"所有图片以黑白方式显示"复选框，便可创建黑白相册。

实训要求：制作"流动着的.pptx"的封面，如图 9-26 所示。

制作封面

图 9-26　"流动着的.pptx"封面

教师点拨：

(1)封面的背景图片做了透明度的设置。在 PowerPoint 中，图片不能直接进行透明度调整。可先绘制一个形状，设置形状填充为图片，即可调整透明度；或者以图片作为背景填充，也可调整透明度。

(2)标题文本的填充可直接使用图片，如图 9-27 所示。也可采用图片+文本框进行"形状合并"来实现，使用"形状合并"中的"形状相交"，可选择将图片中的不同部位合并至文本中，从而产生不同的填充效果，如图 9-28 所示。

图 9-27　文本填充——图片

图 9-28　图片+文本框——形状相交

方法指导：

(1)幻灯片背景图片：单击"设计"→"自定义"→"设置背景格式"，插入图片选择"线条.png"，透明度设置为 70%。

(2)封面形状：插入一个梯形，单击"绘图工具格式"→"插入形状"→"编辑形状"→"编辑顶点"，将梯形上边线变成下凹形曲线，再复制两个梯形；同时选中 3 个梯形，单击"绘图工具格式"→"排列"→"对齐"→"左对齐"；逐个选中 3 个梯形，鼠标左键点住 ⓒ 按钮，旋转至如图 9-26 所示位置；使用"取色器"，分别选取图片上的 3 种不同颜色填充至 3 个梯形。

(3)标题文本：插入图片"水彩.jpg"，在文本框输入"流动着的"，字体为"华文琥珀"。

先选图片，再选文本框，单击"绘图工具格式"→"插入形状"→"形状合并"→"形状相交"。

（4）副标题文本：插入文本框，输入文字"作品展示　末墨摹"，用"取色器"选取图片上的一种颜色进行文本填充。

9.3　SmartArt 图形的编辑和设计

二级考点：SmartArt 图形的编辑和应用

在演示文稿中，常需要制作诸如流程图、循环图、组织结构图之类的图形，SmartArt 图形可以帮助用户快速生成具有大师水平的图形。PowerPoint 为用户提供了 8 大类 178 小类的图形。

9.3.1　文本转 SmartArt 图形

在 PowerPoint 中，可以实现将现有的文本转换为 SmartArt 图形。选中幻灯片页面上的文本，单击"开始"→"段落"→"转换为 SmartArt 图形"，在打开的下拉列表中选择一种图形类型即可，如图 9-29 所示。

图 9-29　文本转换为 SmartArt 图形

教师点拨：需要转换的文本应该带有项目符号或编号，否则可能导致转换失败，或转换后关系混乱。

9.3.2　编辑 SmartArt 图形

单击"插入"→"插图"→"SmartArt 图形"，打开"选择 SmartArt 图形"对话框，选择一种合适的图形，单击"确定"按钮即可创建 SmartArt 图形，如图 9-30 所示。

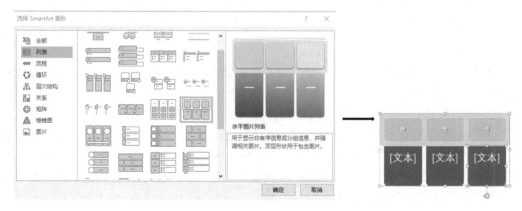

图 9-30　创建 SmartArt 图形

用户可在"SmartArt 工具设计"→"创建图形"中根据需要增加或删除 SmartArt 图形中的形状，调整形状的方向和顺序，以及文本的级别和布局，如图 9-31 所示。

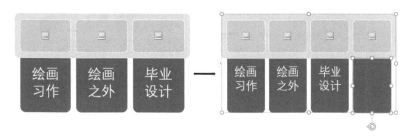

图 9-31   SmartArt 图形中添加形状

用户也可以通过"SmartArt 图形设计"→"版式"或"SmartArt 图形设计"→"SmartArt 样式"，更改图形版式、颜色和样式。

实训要求：利用 SmartArt 图形制作"流动着的.pptx"目录，如图 9-32 所示。

制作目录

图 9-32   "流动着的.pptx"目录

方法指导：

（1）插入"SmartArt 图形"中的"水平图片列表"，添加一个形状，输入如图 9-32 所示文本。

（2）更改样式为"优雅"，调整 SmartArt 图形中的各种形状，如图 9-32 所示。

（3）依次插入图片"目录 1.jpg""目录 2.png""毕设 3.jpg""目录 4.jpg"，如图 9-32 所示。

（4）4 个矩形的填充色分别用"取色器"取自对应图片上的颜色。

9.3.3   SmartArt 图形转形状

当幻灯片页面上的多张图片大小不一致时，如何快速将所有图片调整到一样大小呢？选取所有图片，设置为"图片版式"中的一种图形，4 张图片大小立刻一致了，如图 9-33 所示。

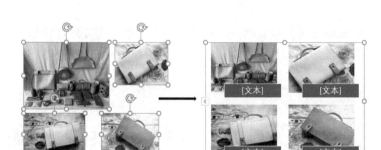

图 9-33　图片版式

SmartArt 图形中有带"[文本]"字样的默认文本框，想直接删除它们不太容易，可以将其转换为形状后再删除。单击"SmartArt 工具设计"→"重置"→"转换"→"转换为形状"，转换后原来 SmartArt 图形中默认的"[文本]"字样会消失。再单击"绘图工具格式"→"排列"→"组合"→"取消组合"，这样就可以轻松删除文本框了，过程如图 9-34 所示。

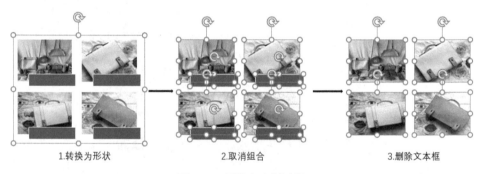

图 9-34　删除文本框过程

实训要求：完成"流动着的.pptx"整体设计，如图 9-35 所示。

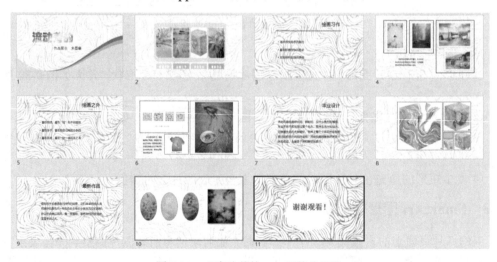

图 9-35　"流动着的.pptx"整体设计

本章所用图片版权均属于广州美术学院末墨摹。

第10章

PowerPoint 的母版、主题、链接和插件的运用

PowerPoint 提供了母版和主题两种辅助工具，帮助用户制作风格统一的演示文稿；在幻灯片放映时用户可以通过链接，在幻灯片间自由地跳转；利用插件可以解决在 PowerPoint 设计中遇到的素材欠缺、专业度不够、效率不高等问题。本章思维导图如图 10-1 所示。

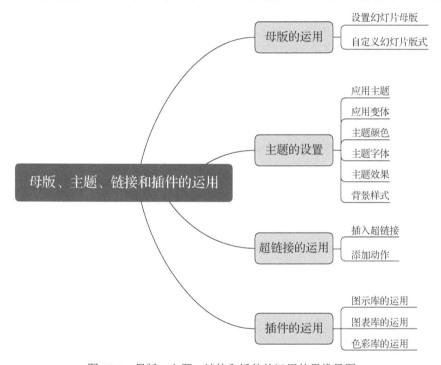

图 10-1　母版、主题、链接和插件的运用的思维导图

10.1　母版的运用

二级考点： 幻灯片母版制作和使用

幻灯片母版是进行幻灯片设计的重要辅助工具，它记录了演示文稿中所有幻灯片的布局信息。利用母版可设置演示文稿中每张幻灯片的统一格式，包括各级标题样式、文本样式、项目符号样式、图片、动作按钮、背景图案、颜色、插入日期、页脚等。使用母版可以统一整个演示文稿的风格，并且便于用户对演示文稿中每张幻灯片进行统一的样式更改。

10.1.1　设置幻灯片母版

单击"视图"→"母版视图"→"幻灯片母版",打开"幻灯片母版"视图。在"幻灯片母版"视图左侧窗格中,第 1 张为幻灯片母版,下面 11 张为默认的版式母版。在幻灯片母版上添加的元素所有版式母版会全部继承,如图 10-2 所示。而在版式母版上添加的元素,只会在对应的版式中出现,如图 10-3 所示。

图 10-2　幻灯片母版及版式母版布局

图 10-3　版式母版继承幻灯片母版的元素

实训要求:制作如图 10-4 所示的"心理健康讲座.pptx"幻灯片母版。

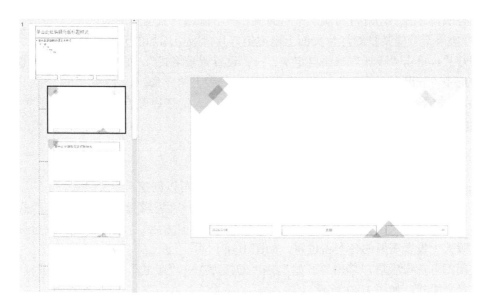

制作母版

图 10-4 "心理健康讲座.pptx"幻灯片母版

方法指导：

(1)打开"讲座版式.pptx"，打开"选择"窗格，选中所有对象，如图 10-5 所示，进行复制。

图 10-5 讲座版式.pptx

(2)打开"心理健康讲座.pptx"，单击"视图"→"母版视图"→"幻灯片母版"，打开"幻灯片母版"视图，选择"标题幻灯片"版式母版进行粘贴；选择"仅标题"版式母版，粘贴后删除多余形状，仅保留蓝色矩形形状；选择"空白"版式母版，粘贴后删除多余形状，仅保留蓝色三角形形状；选择"标题及内容"版式母版，粘贴后删除多余形状，仅保留黄色形状。

教师点拨：

(1)幻灯片页面的排版受版式影响，版式的排版受母版影响。

(2)如果不希望某种版式母版继承幻灯片母版上的元素，在"幻灯片母版"视图下选中版式母版，选择"幻灯片母版"→"背景"→"隐藏背景图形"即可。

（3）如果不希望某张幻灯片页面上出现幻灯片母版中添加的元素，在"普通"视图下选中幻灯片，单击"设计"→"自定义"→"设置背景格式"，在打开的"设置背景格式"窗格中选中"隐藏背景图形"，即可隐藏幻灯片母版上的元素。

（4）单击"幻灯片母版"→"编辑母版"→"插入幻灯片母版"，可以为演示文稿增加第 2 套幻灯片母版。

10.1.2　自定义幻灯片版式

PowerPoint 提供了 11 种默认版式，此外，用户也可以创建自定义版式。

在"幻灯片母版"视图下，单击"幻灯片母版"→"编辑母版"→"插入版式"，即产生一个新的自定义版式。单击"幻灯片母版"→"母版版式"→"插入占位符"，可在自定义版式上设置需要的各类占位符，如图 10-6 所示。

关闭幻灯片母版后，单击"开始"→"幻灯片"→"版式"，在"版式"下拉列表中可见自定义版式，如图 10-7 所示。

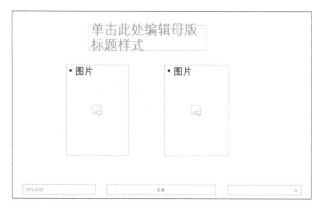

图 10-6　自定义版式

图 10-7　"版式"下拉列表

10.2　主题的设置

二级考点： 幻灯片的主题应用

主题是一组格式选项，它包含主题颜色、主题字体和主题效果。通过应用主题，用户可以快速轻松地设置出具有专业水准、美观时尚的演示文稿。PowerPoint 提供了多种预设主题。

1. 应用主题

单击"设计"→"主题"→"▽"，可见预设主题，如图 10-8 所示。

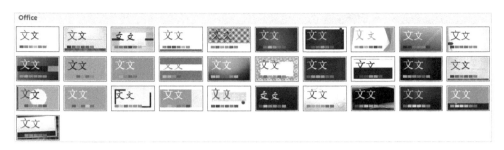

图 10-8　幻灯片预设主题

单击某个主题图标，即可将该主题应用于整个演示文稿。右击某个主题图标，在打开的快捷菜单中选择"应用于选定幻灯片"命令，可将该主题单独应用于当前幻灯片中，如图 10-9 所示。

　　原封面　　　　　　　　　　　　　　　　应用"平面"主题

图 10-9　应用主题的效果

2. 应用变体

应用了一种预设主题后，在"设计"→"变体"中将出现该主题的 4 种变体样式，如图 10-10 所示。

图 10-10　主题变体样式

3. 主题颜色

PowerPoint 提供了多种主题颜色，每一种主题颜色方案由 12 种颜色组成，决定了幻灯片中的文字、背景、图形、图表和超链接等对象的默认颜色，如图 10-11 所示。

除了内置的主题颜色之外，用户还可以创建自定义主题颜色。单击"设计"→"变体"→"✓"→"颜色"→"自定义颜色"，打开"新建主题颜色"对话框，用户可以对颜色进行调整，并保存为自定义主题颜色，如图 10-12 所示。

教师点拨：超链接和已访问的超链接字体颜色属于主题颜色，在"开始"→"字体"→"字体颜色"中不能进行修改。

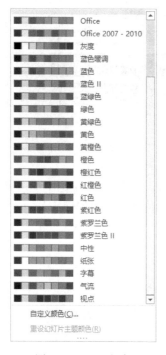

图 10-11　主题颜色

图 10-12　自定义主题颜色

4. 主题字体

主题中定义了两种字体：一种用于标题，一种用于正文文本。更改主题字体将对演示文稿中的所有标题和项目符号文本进行更改。除了内置字体，用户还可以新建主题字体。单击"设计"→"变体"→"▽"→"字体"，打开如图 10-13（a）所示下拉列表。单击左下角的"自定义字体"，打开"新建主题字体"对话框，用户可以对中西文字体进行调整，并保存为自定义主题字体，如图 10-13（b）所示。

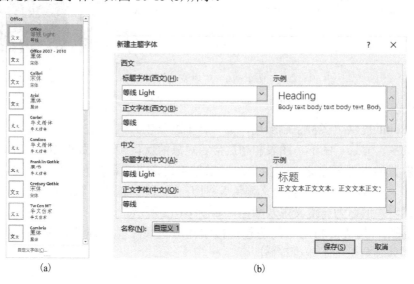

(a)　　　　　　　　　　　　　　　(b)

图 10-13　新建自定义主题字体

5. 主题效果

应用不同的主题效果后，幻灯片中的形状、SmartArt、图表等对象将呈现不同的样式风格。单击"设计"→"变体"→"▾"→"效果"，打开如图 10-14 所示下拉列表，可以选择预设主题效果。

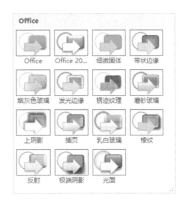

6. 背景样式

二级考点：背景设置

用户除了可以设置幻灯片的主题颜色、主题字体和主题效果以外，还可以设置背景样式。单击"设计"→"变体"→"▾"→"背景样式"，可见 12 种默认的背景样式，如图 10-15 所示。

图 10-14　主题效果下拉列表

单击"设计"→"变体"→"▾"→"背景样式"→"设置背景格式"，或单击"设计"→"自定义"→"设置背景格式"，打开"设置背景格式"窗格，可设置幻灯片背景的纯色填充、渐变填充、图片或纹理填充和图案填充，如图 10-16 所示。

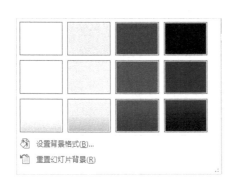

图 10-15　背景样式

图 10-16　设置背景格式

10.3　超链接的运用

二级考点：幻灯片中链接操作设置

演示文稿放映时，在默认情况下，幻灯片按顺序播放。但用户可以在幻灯片中插入超链接。在放映时，利用超链接，用户可自由地跳转到任意一张幻灯片，还可以通过超链接打开文档、邮件、互联网主页或启动应用程序。

10.3.1　插入超链接

用户可以对文本或其他对象创建超链接，在幻灯片放映时，单击超链接可以激活它。

选中对象，单击"插入"→"链接"→"超链接"，打开"插入超链接"对话框，如图 10-17 所示。如果所插入的超链接是向本演示文稿内的某一张幻灯片，可单击"链接到"中的"本文档中的位置"按钮，打开如图 10-18 所示的对话框。然后选择所需链接的幻灯片，单击"确定"按钮完成设置。

如果所插入的超链接指向其他文档，可在如图 10-17 所示的对话框中"查找范围"列表框中选择所需文档，单击"确定"按钮完成设置。

单击"链接到"中的"电子邮件地址"按钮，在"电子邮件地址"文本框中输入网址，在联网的状态下，可激活此超链接打开相应的网页。

图 10-17 "插入超链接"对话框

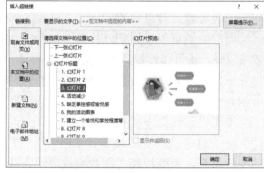
图 10-18 链接到本文档中的位置

教师点拨：

（1）选择文本创建超链接后，会自动添加超链接下划线，字体的颜色自动变为所选模板配色方案中预设的主题颜色。

（2）如果不希望出现上述变化，可选中文本框来创建超链接。

实训要求：制作如图 10-19 所示超链接。

制作超
链接

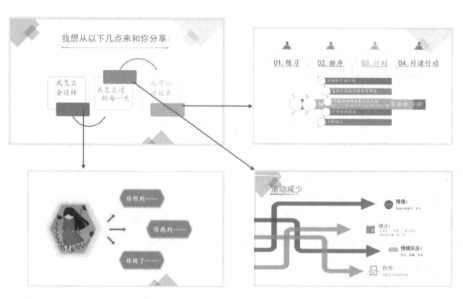
图 10-19 制作超链接

方法指导：

(1)打开"心理健康讲座.pptx"，选择第 2 张幻灯片中的橙色矩形，设置超链接到第 3 张幻灯片。

(2)选择灰色矩形，设置超链接到第 4 张幻灯片。

(3)选择黄色矩形，设置超链接到第 8 张幻灯片。

10.3.2　添加动作

除了超链接，用户还可以通过创建动作来访问链接的对象。单击"插入"→"链接"→"动作"，打开"操作设置"对话框，单击"超链接到："下拉列表，选择"幻灯片"，打开"超链接到幻灯片"对话框，即可进行设置，如图 10-20 所示。

图 10-20　添加动作

此外，PowerPoint 提供了 12 种不同的动作按钮，并且预设了相应的功能，用户只需将动作按钮添加到幻灯片页面中即可使用，如图 10-21 所示。

实训要求：为"心理健康讲座.pptx"中的第 3～8 张幻灯片添加动作，链接到第 2 张幻灯片。

方法指导：打开已完成了母版设置的"心理健康讲座.pptx"，切换到"幻灯片母版"视图，在如图 10-22 所示的 3 个版式母版中均添加一个形状，形状设置为无填充、无轮廓，选中形状并添加动作，超链接到第 2 张幻灯片。

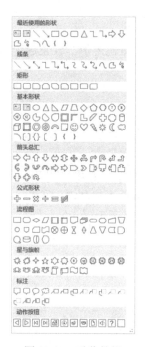

图 10-21　动作按钮

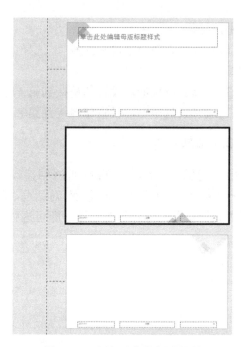

图 10-22　添加动作的版式母版

10.4　插件的运用

iSlide 是一款基于 PowerPoint 的一键化效率插件，提供了便捷的排版设计工具，能够帮助用户快速地进行字体统一、色彩统一、矩形/环形布局、批量裁剪图片等操作。同时提供了 8 大资源库，包括案例库、主题库、色彩库、图示库、图表库、图标库、图片库和插图库，帮助用户快速高效地制作演示文稿。

登录 iSlide 官网，下载并安装成功后，打开 PowerPoint，可以看到 "iSlide" 选项卡，如图 10-23 所示。本案例使用的版本是 6.2.0.1。

图 10-23　iSlide 插件

10.4.1　图示库的运用

iSlide 插件的图示库中提供了大量图示，用户根据自己的需要选择合适的图示插入幻灯片页面中。插入的图示颜色将使用演示文稿当前所用的主题颜色。

单击 "iSlide" → "资源" → "图示库"，可以看到打开的 "资源库" 窗格里提供了大量付费和免费的图示，如图 10-24 所示。

图示库
的运用

实训要求：利用 iSlide 图示库，制作 "心理健康讲座.pptx" 第 4 张幻灯片，如图 10-25 所示。

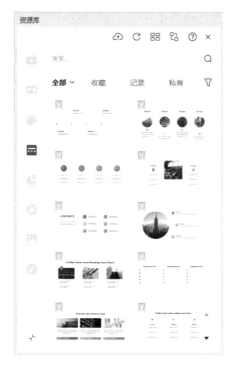

图 10-24　资源库—图示

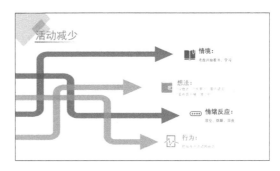

图 10-25　第 4 张幻灯片

方法指导：单击"资源库"窗格中的 ▽ 按钮，参考图 10-26 所示的选项，即可快速找到如图 10-25 所示的图示。

图 10-26　流程图示

教师点拨：图示中的自带元素可能跟文字的内容不匹配，用户可以借助图标库、图片库、插图库来替换其中的元素。

如图 10-27 所示，选择原来图示中的球形图标，单击"iSlide"→"资源"→"图标库"，在打开的"资源库"窗格中搜索"书本"，再单击"书本"图标，即可完成图标替换。

图 10-27　替换图示中的元素

10.4.2　图表库的运用

幻灯片中经常需要展示一些数据，用户可以利用 iSlide 提供的图表库快速制作出个性化的图表。

图表库的运用

单击"iSlide"→"资源"→"图表库"，可以看到打开的"资源库"窗格里提供了大量付费和免费的图表，如图 10-28 所示。

实训要求：利用 iSlide 图表库，制作"心理健康讲座.pptx"第 7 张幻灯片，如图 10-29 所示。

图 10-28　资源库—图表

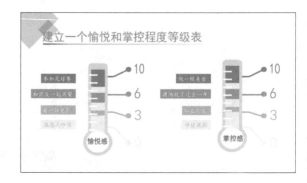

图 10-29　第 7 张幻灯片

教师点拨：单击"资源库"窗格中的 ▽ 按钮，参考图 10-30 所示的选项，即可快速找到如图 10-29 所示的图表。

图 10-30　智能图表

选中插入的图表，图表右上角会出现 ⌐ 按钮，单击此按钮打开"智能图表编辑器"对话框，可以对图表的数值和颜色进行编辑，如图 10-31 所示。

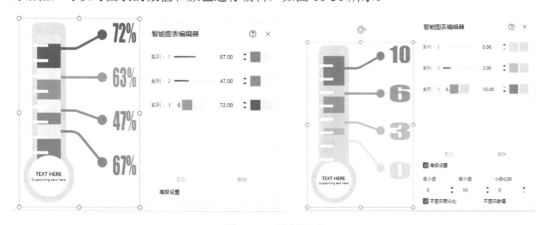

图 10-31　编辑图表

10.4.3　色彩库的运用

虽然 PowerPoint 已经预设了多种主题颜色，但 iSlide 提供的配色方案更加丰富，如图 10-32 所示。用户还可以非常方便地一键更改主题颜色，如图 10-33 所示。

图 10-32 资源库—配色

图 10-33 更改主题颜色

实训要求： 完成"心理健康讲座.pptx"整体设计，如图 10-34 所示。

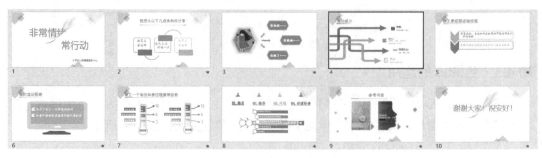

图 10-34 "心理健康讲座.pptx"整体设计

第11章

PowerPoint 动画的设计

PowerPoint 的动画设置和使用方法是本章的主要内容，因此本章主要围绕以下几个方面来讲解，动画设计思维导图如图 11-1 所示。

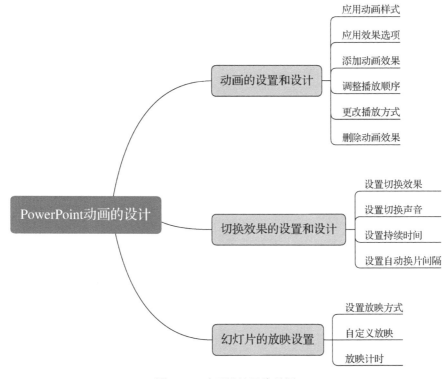

图 11-1　动画设计思维导图

11.1　幻灯片动画的设置和设计

二级考点：幻灯片中对象动画的设置和应用

通过设置动画效果，可在放映幻灯片时动态地显示文本、图形、音频、视频等对象，以及各对象出现的先后顺序，以提高演示文稿的生动性、趣味性。在添加了动画效果后，用户可结合"动画窗格"对动画效果进行更为详细的设置。单击"动画"选项卡中的"动画窗格"按钮，可在窗口右侧打开"动画窗格"。设置过程中，可通过"动画"选项卡中

图 11-2　"动画"组

图 11-3　动画样式下拉列表

的"预览"按钮，预览所设置的动画效果。

1. 应用动画样式

选择要添加动画的对象，单击"动画"选项卡，在"动画"组的"动画样式"列表框中选择动画样式，如图 11-2 所示。单击"动画样式"列表框右下角的其他按钮，可打开如图 11-3 所示的下拉列表。下拉列表中提供了"进入""强调""退出""动作路径"多种动画样式供用户选择。

2. 应用效果选项

用户选择了需要的动画样式后，单击"动画"选项卡中的"效果选项"按钮，可选择应用一种效果变化的方向，如图 11-4 所示。不同的动画样式有不同的效果选项。

3. 添加动画效果

在 PowerPoint 中，用户可以为同一个对象应用多个动画效果。单击"动画"选项卡中的"添加动画"按钮，打开如图 11-3 所示的下拉列表，可从中选择所需的动画样式。

图 11-4　"效果选项"下拉列表

4. 调整播放顺序

单击"动画"选项卡中的"动画窗格"按钮，在打
开的"动画窗格"列表框中显示当前幻灯片中各对象的
动画播放顺序，如图 11-5 所示。单击列表框中的动画标
签，上下拖动即可改变其播放顺序。也可单击"动画窗
格"中的 ▲ 按钮和 ▼ 按钮，调整播放顺序。或者单击
"动画"选项卡中"对动画重新排序"下面的 ▲ 向前移动
按钮或 ▼ 向后移动按钮，来调整播放顺序。

图 11-5　"动画窗格"列表框

5. 更改播放方式

在"动画窗格"中单击选中对象的动画标签右侧的
下拉按钮，打开如图 11-6 所示的下拉菜单。选择"计时"，
如果该对象的动画进入样式是"飞入"，将弹出如图 11-7 所示的对话框，可设置开始、延迟、
期间、重复等播放方式；也可在"动画"选项卡中设置开始、持续时间和延迟等播放方式。

图 11-6　设置播放计时

图 11-7　"飞入"对话框

开始、延迟、期间、重复等播放方式设置项的说明如表 11-1 所示。

表 11-1　动画播放方式设置项说明

设置项		说明
开始	单击时	对象的动画效果在单击鼠标时开始播放
	与上一动画同时	对象的动画效果与上一对象的动画同时播放
	上一动画之后	对象的动画效果在上一对象动画播放完之后播放
延迟		设置动画开始播放的延迟时间
期间		设置动画的播放速度
重复		设置动画的重复次数

6. 删除动画效果

选中要删除动画效果的对象，单击"动画"选项卡，在"动画样式"列表框中选择 ，即可删除动画效果。也可在"动画窗格"打开如图 11-6 所示下拉菜单，从中选择"删除"命令。

下面将根据前面所讲内容，设计一个幻灯片封面。

实训要求：制作"环境保护讲座"封面效果，如图 11-8 所示。

图 11-8　"环境保护讲座"封面效果

方法指导：

（1）新建幻灯片，在"开始"→"幻灯片"→"版式"中设置幻灯片版式为"空白"，如图 11-9 所示。在"设计"选项卡下最右侧单击"设置背景格式"→"纯色填充"，颜色选择为绿色（深色 50%），如图 11-10 所示。

图 11-9　幻灯片版式—空白

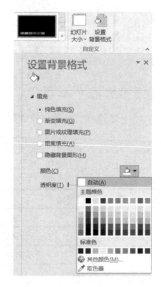

图 11-10　设置背景格式

（2）单击"插入"→"插图"→"形状"，插入一个正圆形，填充色为"白色"，轮廓色为绿色，轮廓粗细为 2.2 磅，如图 11-11 所示。

　　(3)选中正圆形，单击"动画"→"高级动画"→"添加动画"，选中"动作路径"→"自定义路径"，如图 11-12 所示。

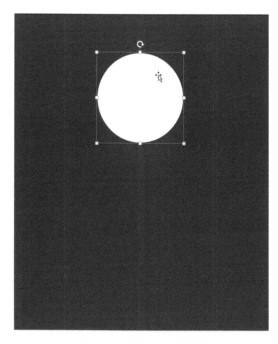

图 11-11　插入正圆形效果

图 11-12　添加动作路径

　　(4)按住鼠标左键不放，在幻灯片上自由拖动圆形画出运动轨迹，绘制自定义路径，产生位置移动效果，如图 11-13 所示。

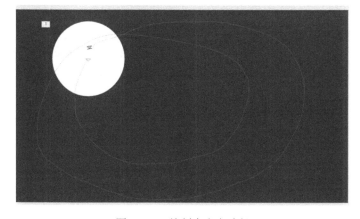

图 11-13　绘制自定义路径

(5) 选中圆形，再次单击"动画"→"高级动画"→"添加动画"，选中"强调"→"放大/缩小"，如图 11-14 所示。

图 11-14 设置放大/缩小

(6) 单击"效果选项"右下角的小箭头，在效果选项对话框中，设置"尺寸"为 1000%，然后单击"确定"按钮，如图 11-15 所示。

(7) 插入素材文件夹中的"主背景.jpg"，调整图片大小和幻灯片大小一致，然后单击"动画"→"高级动画"→"添加动画"按钮，选中"进入"→"淡出"，如图 11-16 所示。

(8) 插入文本框，写上文字"环境保护讲座"，设置字体为微软雅黑，字号 66，字体颜色为白色。在"格式"选项卡中，添加字体效果为外发光(蓝色，18PT 发光，着色 5)、阴影(右下斜偏移)，然后单击"动画"→"高级动画"→"添加动画"，选中"进入"→"更多进入效果"→"基本缩放"，如图 11-17 所示。

图 11-15　设置圆形放大尺寸　　　　　　　　　　图 11-16　添加背景图片进入动画

图 11-17　设置文字进入动画效果

(9)单击"动画"→"高级动画"→"动画窗格",依次设置第 1 个动画开始方式为"与上一动画同时",持续时间为 5 秒;设置第 2 个动画开始方式为"上一动画之后",持续时间为 4 秒;设置第 3 个动画开始方式为"上一动画之后",持续时间为 4 秒;设置第 4 个动画开始方式为"上一动画之后",持续时间为 4 秒,如图 11-18 所示。

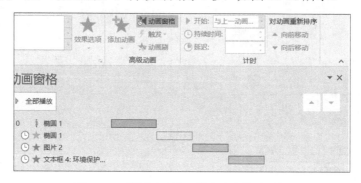

图 11-18 设置动画的开始方式和持续时间

教师点拨:

(1)插入形状时,按 Shift 键不放拖动鼠标可绘制正圆形或正方形。

(2)本案例中,对圆形拖动自由运动轨迹路径时,起点最好为圆形的圆心,终点最好回到起点的位置,这样圆形运动结束时会回到初始位置。

(3)设置文本框中的文字时,可以在"格式"选项卡中找到"艺术字样式"→"文本效果",从而根据自己的喜好添加阴影、映像、发光、棱台、三维旋转、转换等效果,如图 11-19 所示。

图 11-19 文字效果设置

(4)在 PowerPoint 中，如果需要为多个对象设置相同的动画效果，可以在设置完一个对象的动画效果后，通过"动画刷"将其动画效果复制到其他对象。选中已设置好动画效果的对象，在"动画"选项卡中单击"动画刷"按钮，光标会变成刷子形状。此时单击需要设置相同动画效果的对象，即可完成动画效果的复制。如果要将动画效果复制到多个对象上，可双击"动画刷"，再依次单击需要进行设置的对象。

11.2　幻灯片切换效果的设置和设计

二级考点：幻灯片中切换效果的设置和应用

一般演示文稿中包含有多张幻灯片，在幻灯片放映时，可设置幻灯片之间的切换效果，还可以在切换时播放声音。用户可以通过"切换"选项卡对幻灯片的切换进行设置。

选中需要设置切换效果的幻灯片，单击"切换"选项卡，在"切换到此幻灯片"组的"切换样式"列表框中选择切换样式，如图 11-20 所示。

图 11-20　"切换到此幻灯片"组

单击"切换样式"列表框右下角的其他按钮，打开如图 11-21 所示的下拉列表。列表中包含了细微型、华丽型、动态内容 3 类多种切换效果。单击"切换"选项卡中的"效果选项"按钮，可进行效果变化的细节设置，不同的切换样式有不同的效果选项。

图 11-21　"切换样式"下拉列表

切换幻灯片 1

此外，通过"切换"选项卡，可设置幻灯片切换的声音、持续时间以及换片方式。通过"切换"选项卡中的"预览"按钮，可预览设置的切换效果。

实训要求：制作"环境保护讲座"幻灯片切换。

切换幻灯片 2

方法指导：

(1)参考幻灯片封面的制作方法，在幻灯片第 2～7 张的幻灯片效果上分别添加相应文字、图片等内容，设置文字和图片的艺术效果，并设置动画，如图 11-22 所示。

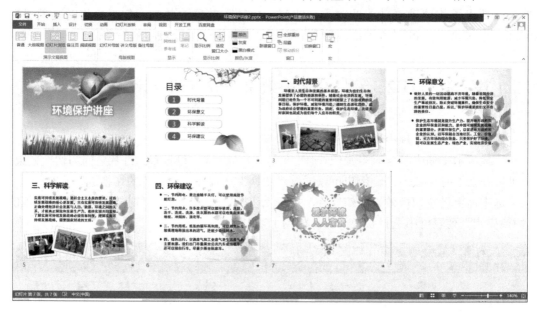

图 11-22　第 2～7 张幻灯片版式和效果

(2)选中第 2 张"目录"幻灯片，在"切换"选项卡下，设置切换到此幻灯片方式为"推进"，声音为"鼓掌"，持续时间为 2 秒，如图 11-23 所示。

图 11-23　设置第 2 张幻灯片的切换效果

(3)选中第 3～6 张幻灯片，在"切换"选项卡下，设置切换到此幻灯片方式为"立方体"，声音为"风铃"，持续时间为 2 秒，如图 11-24 所示。

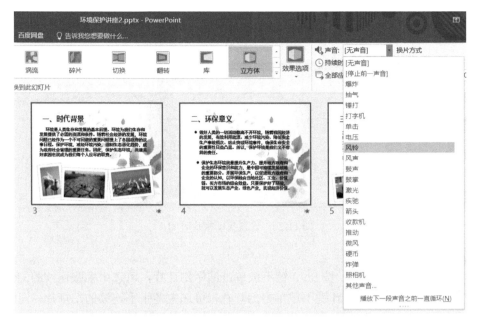

图 11-24　设置第 3～6 张幻灯片的切换效果

(4)选中第 7 张幻灯片，在"切换"选项卡下，设置切换到此幻灯片方式为"门"，声音为"风声"，持续时间为 2 秒，如图 11-25 所示。

图 11-25　设置第 7 张幻灯片的切换效果

(5)选中所有幻灯片，选中"设置自动换片时间"，设置换片时间为 10 秒，如图 11-26 所示。

图 11-26　设置自动换片时间

教师点拨：

(1)选中起始幻灯片后，按 Shift 键不放单击结尾幻灯片，可选中多张连续的幻灯片，同时进行设置操作。按住 Ctrl 键不放单击幻灯片，可选中多张不连续的幻灯片，同时进行设置操作。

(2)单击"效果选项"按钮，可对幻灯片的切换方向等细节进行设置，如图 11-27 所示。

(3)如果需要对所有幻灯片设置相同的切换效果，可以单击"全部应用"按钮。

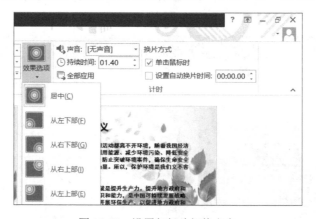

图 11-27　设置幻灯片切换方向

11.3　幻灯片的放映设置

二级考点：幻灯片放映的相关设置

演示文稿的放映是演示文稿制作的最后一道工序。PowerPoint 提供了多种演示文稿放映方式，用户可以根据不同的需要选择不同的放映方式。

11.3.1　设置放映方式

单击"幻灯片放映"选项卡中"设置幻灯片放映"按钮，弹出如图 11-28 所示的"设置放映方式"对话框。用户可从中选择放映类型、放映选项、换片方式等。

图 11-28　"设置放映方式"对话框

PowerPoint 提供了 3 种不同的放映方式。

（1）演讲者放映（全屏幕）：以全屏幕方式放映演示文稿，这是 PowerPoint 默认的放映方式。演讲者完全控制幻灯片的放映，可用自动或手动方式进行放映，并可在放映过程中录下旁白。

（2）观众自行浏览（窗口）：以窗口方式放映演示文稿。放映过程中观众可随时使用菜单和 Web 工具栏，对幻灯片进行复制和编辑。在这种方式下，不能单击进行上一页、下一页的播放，可使用键盘 Page Up、Page Down 进行控制。

（3）在展台浏览（全屏幕）：自动运行演示文稿的放映方式。要想以全屏幕放映的方式演示文稿，需先设置"排练计时"。在放映过程中，只有超链接和动作按钮可以使用，快捷菜单和放映导航工具等控制都失效。放映结束后，会自动重新开始放映。

11.3.2　自定义放映

针对不同的观看者，同一个演示文稿如需播放不同的内容，可选用自定义放映。

单击"幻灯片放映"选项卡中的"自定义幻灯片放映"按钮 ，弹出如图 11-29 所示的"自定义放映"对话框。单击"新建"按钮，弹出如图 11-30 所示的"定义自定义放映"对话框。在"在演示文稿中的幻灯片"列表框中选择需放映的幻灯片，单击"添加"按钮，将其添加到"在自定义放映中的幻灯片"列表框中，单击"确定"按钮，返回到"自定义放映"对话框，"自定义放映"列表框中将显示新建的"自定义放映 1"的幻灯片放映名称，单击"放映"按钮即可开始自定义放映。

图 11-29 "自定义放映"对话框

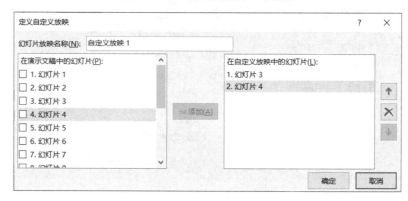

图 11-30 "定义自定义放映"对话框

11.3.3 放映计时

在演示文稿放映过程中,不方便手动换片时,可设置为"在展台浏览"放映方式,并对其进行放映计时设置,精确计算放映的时间,以控制幻灯片切换及整套演示文稿的放映速度。具体操作步骤如下。

(1)单击"幻灯片放映"选项卡中的"排练计时"按钮,打开"幻灯片放映"视图,在放映窗口的左上角显示如图 11-31 所示的"预演"工具栏。

(2)从放映第 1 张幻灯片开始计时,单击"预演"工具栏中的下一项按钮或单击,切换到第 2 张幻灯片,"预演"工具栏的"幻灯片播放时间"将重新计时,"演示文稿播放时间"则继续计时。

(3)当整套演示文稿播放完成后,弹出如图 11-32 所示的保留排练时间提示框,单击"是"按钮保存幻灯片计时。

图 11-31 "预演"工具栏

图 11-32 保留排练时间提示框

(4)单击"幻灯片放映"选项卡中的"设置幻灯片放映"按钮,弹出如图 11-28 所示的"设置放映方式"对话框,在"换片方式"选项组中,单击"如果存在排练时间,则使用它"单选按钮,确定后当再次放映幻灯片时,PowerPoint 将按录制的排练时间自动放映演示文稿；单击"手动"单选按钮，当再次放映时，不会自动放映演示文稿。

实训要求：用自定义放映设置"环境保护讲座"幻灯片的放映。

方法指导：

(1)单击"幻灯片放映"→"自定义幻灯片放映"命令，在弹出的"自定义放映"对话框中单击"新建"按钮，如图 11-29 所示。

(2)在"定义自定义放映"对话框中，设置幻灯片放映名称为"观众自行观看"，然后选中左侧的第 1、3、4、5、6 五张幻灯片，单击对话框中间的"添加"按钮，最后单击"确定"按钮，如图 11-33 所示。

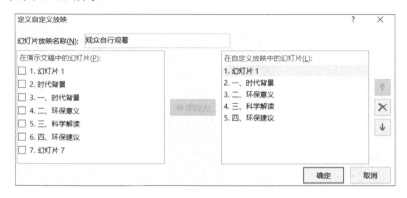

图 11-33　定义自定义放映设置

(3)单击"幻灯片放映"选项卡→"自定义幻灯片放映"组→"观众自行观看"命令，如图 11-34 所示，单击预览效果。

图 11-34　观众自行观看放映

教师点拨：

(1)在设置自定义放映时，可以通过最右侧的上下箭头和叉来调整幻灯片的先后顺序和删除幻灯片。

(2)自定义幻灯片放映方式可以根据需要选择不同的幻灯片设置成几组，根据不同环境和观看对象有区别地选择放映内容。

第12章
PowerPoint中多媒体文件的插入和触发器运用

PowerPoint 中多媒体文件的插入和触发器的使用方法是本章的主要内容，本章主要围绕以下几个方面来讲解，如图 12-1 所示。

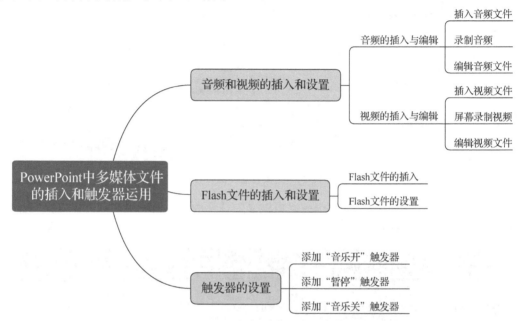

图 12-1　PowerPoint 中多媒体文件的插入和触发器运用的思维导图

12.1　音频和视频的插入和设置

在演示文稿中除了包含文本和各种图形对象以外，还可以加入音频和视频。在幻灯片适当的位置加入音频、视频对象，可丰富演示文稿的播放效果，使演示文稿图文并茂、声色俱全。

12.1.1　音频的插入与编辑

二级考点：幻灯片中音频对象的编辑和应用

PowerPoint 剪辑管理器中存放一些声音文件，用户可以直接使用。此外，用户也可将自己喜欢的音乐插入幻灯片中。

1. 插入音频文件

单击"插入"选项卡中的"音频"按钮下部 ，在打开的下拉列表中单击"PC 上的音频"，弹出如图 12-2 所示的"插入音频"对话框。在"插入音频"对话框中选择音频文件所在的文件夹，选中所需的音频文件，单击"确定"按钮，即可在幻灯片中插入音频。用户也可以单击"插入"选项卡中的"音频"按钮上部 ，弹出"插入音频"对话框，进行同样操作。

图 12-2　"插入音频"对话框

插入音频文件后，幻灯片上会出现音频图标 及音频播放工具栏，功能区中会显示"音频工具"选项卡，用户可以方便地对音频文件进行设置，如图 12-3 所示。如果需要删除幻灯片中的音频，删除音频图标即可。

图 12-3　音频工具

2. 编辑音频文件

为了使音频文件符合整个演示文稿的播放需求，用户在插入音频文件后，可以对音频文件进行剪裁，添加书签，设置音频文件的淡化持续时间、音量大小、循环播放及显示方式等操作。

选中音频图标，单击"音频工具"→"播放"选项卡中的"剪裁音频"按钮，弹出如图 12-4 所示的"剪裁音频"对话框。单击"播放"按钮 ，开始播放音频，当播放到需要剪裁的位置处，单击"暂停"按钮 ，拖动左侧的剪裁片到音频暂停的位置处，单击"确定"按钮，即可完成音频文件的剪裁，如图 12-5 所示。

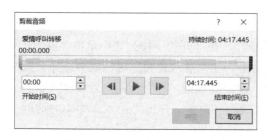

图 12-4　"剪裁音频"对话框

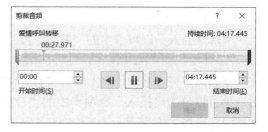

图 12-5　剪裁音频操作

书签用于在音频的特殊位置处做出标记，方便用户快速地定位到要播放的内容。单击"音频播放"工具栏中的"播放"按钮播放音频，在要添加书签的位置处暂停，如图 12-6 所示。单击"音频工具"→"播放"选项卡中的"添加书签"按钮 🔖，可在"音频播放"工具栏的时间行中看到添加了一个书签标志，如图 12-7 所示。单击"播放"按钮，继续播放音频，还可再次添加书签。如果要删除书签，可在"音频播放"工具栏的时间行上单击书签，然后单击"音频工具"→"播放"选项卡中的"删除书签"按钮 🔖，即可删除书签。

图 12-6　"音频播放"工具栏

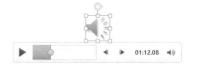

图 12-7　添加书签

插入音频

实训要求：在"环境保护讲座"结束页中插入音频。

方法指导：

(1)在"环境保护讲座"结束页中单击"插入"→"媒体"→"音频"→"PC 上的音频"，选中素材文件"环保 Baby.mp3"，单击"插入"按钮，如图 12-8 所示。

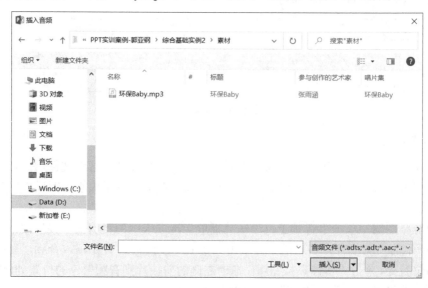

图 12-8　插入音频文件

（2）选中插入的音频喇叭图标，单击"剪裁音频"图标，设置开始时间为 18 秒，结束时间为 1 分钟，如图 12-9 所示。

（3）单击"音频工具"→"播放"选项卡，设置"淡化持续时间"：淡入 10 秒，淡出 10 秒。开始方式为"自动"，选中"跨幻灯片播放"、"循环播放，直到停止"和"放映时隐藏"复选框，如图 12-10 所示。

图 12-9　设置音频播放时间

图 12-10　音频选项设置

（4）选中音频图标，单击"插入"→"动画窗格"图标，设置音频的动画开始方式为"与上一动画同时"，让音乐在幻灯片开始时就自动播放，如图 12-11 所示。

教师点拨：

（1）设置淡化持续时间的淡入能够控制音频起始时音量逐渐放大，设置淡化持续时间的淡出能控制音频结束时音量逐渐降低，从而使音频的播放效果更加自然，开始和结束的时候不会过于突兀。

（2）选中"跨幻灯片播放"和"循环播放，直到停止"复选框，让音频在幻灯片换片演示过程中自动跨页和循环，方便作为背景的音效。

（3）在"动画窗格"中可拖动中音乐的三角形图标，控制音乐的开始时间。

（4）在"动画窗格"中，对准音频右击，设置效果选项。在"效果选项"对话框中（图 12-12），可以更自由地设置音乐的开始、停止和计时等效果，如图 12-13、图 12-14 所示。

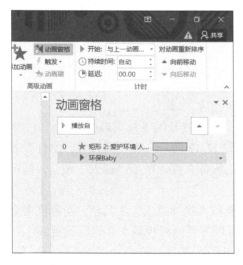

图 12-11　设置音频开始方式

图 12-12　效果选项

图 12-13 "效果"选项卡

图 12-14 "计时"选项卡

(5)插入音频时选择"录制音频",如图 12-15 所示。弹出"录制声音"对话框,如图 12-16 所示。在 PowerPoint 中也可以通过录制声音的方式添加音频。

图 12-15 "录制音频"选项

图 12-16 "录制声音"对话框

12.1.2 视频的插入与编辑

二级考点:幻灯片中视频对象的编辑和应用

1. 插入视频文件

单击"插入"选项卡中的"视频"按钮下部，在打开的下拉列表中单击"PC 上的视频"按钮,弹出"插入视频文件"对话框,如图 12-17 所示。在"插入视频文件"对话框中选择视频文件所在的文件夹,选中所需插入的视频文件,单击"插入"按钮,即可在幻灯片中插入视频。

插入视频文件后,幻灯片上会出现视频播放框和"视频播放"工具栏,功能区中会显示"视频工具"选项卡,如图 12-18 所示。用户可以方便地对视频文件进行设置。

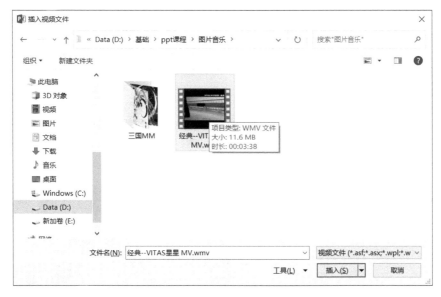

图 12-17　"插入视频文件"对话框

图 12-18　"视频工具"选项卡

2. 插入屏幕录制视频

单击"插入"选项卡中的"媒体"工作组中的"屏幕录制"按钮，可录制屏幕视频，如图 12-19 所示。

图 12-19　屏幕录制视频

进入录制前，要确认以下几个功能，如图 12-20 所示。

(1) 录制指针：单击这个按钮，录制屏幕视频时会录入鼠标指针移动。

(2) 音频：单击这个按钮，录制屏幕视频时同时录入音频。

(3) 选择区域：根据需求选择要录制的屏幕区域。

(4) 录制：单击这个按钮开始录制屏幕视频。

(5) 停止录制：单击这个按钮停止录制屏幕视频。

正在录制屏幕视频的状态如图 12-21 所示。

图 12-20　"屏幕录制"对话框　　　　　图 12-21　正在录制屏幕视频的状态

　　正在录制时，这个面板会自动隐藏到屏幕顶端。当需要暂停或者停止录制时，用鼠标指到屏幕上端中间位置，它就会显示出来。

　　当录制完成后，视频会自动插入幻灯片中，如图 12-22 所示。

图 12-22　屏幕录制完成的效果

3. 编辑视频文件

　　用户在插入视频文件后，可以对视频文件进行剪裁，将视频文件中多余的部分剪裁掉，使视频更适合在制作的演示文稿中播放。

　　选中视频文件，单击"视频工具"→"播放"选项卡中的"剪裁视频"按钮，如图 12-23 所示。在弹出的"剪裁视频"对话框中，单击"播放"按钮，开始播放视频，当播放到需要剪裁的位置处，单击"暂停"按钮，然后拖动左侧的剪裁片到视频暂停的位置，如图 12-24 所示。单击"确定"按钮，即可完成对视频文件的剪裁。

图 12-23 "视频工具"选项卡

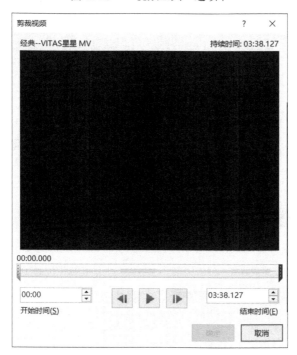

图 12-24 "剪裁视频"对话框

插入视频文件以后，同样可以使用书签来标识视频跳转的位置，方法与音频中添加书签的方法相同。

实训要求：完成"赤壁之战"幻灯片视频文件的添加。

方法指导：

(1)制作"赤壁之战"封面。新建幻灯片，设置版式为"空白"，插入封面图片，剪裁并调整图片大小为封面幻灯片大小，如图 12-25 所示。

插入视频

(2)在封面幻灯片中插入长条矩形 1，填充白色，设置透明度为 40%；再插入长条矩形 2，填充一种图案，设置图案前景色为红色，背景色为深红，并右击长条矩形 2，在快捷菜单中选择"编辑文字"命令，输入文字内容。同时选中矩形 1 和矩形 2，调整好大小和位置并右击，在快捷菜单中选择"进行组合"命令。对该对象添加进入动画效果为"擦除"，持续时间为 1.5 秒，并设置幻灯片切换效果为"华丽型"中的"风"，设置切换声音为"风声"。制作完成的封面如图 12-26 所示。

图 12-25　插入封面图片

图 12-26　制作完成的封面

(3)添加第 2、3 张幻灯片,利用"插入"→"形状"中的圆形、同心圆、矩形等形状创建目录版式,并填充对应颜色,添加动画效果,完成目录效果如图 12-27 所示。

(4)添加第 4 张幻灯片,利用"插入"→"形状"中的圆形、矩形、线条等形状绘制添加效果,并填充对应颜色,并在"设计"选项卡中选择"设置背景格式",填充纯色浅黄为背景色,效果如图 12-28 所示。

图 12-27　完成目录的效果

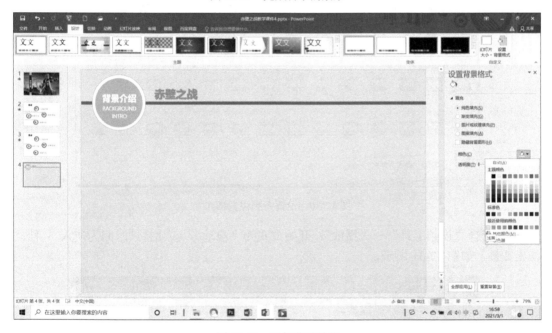

图 12-28　添加背景效果

(5)选择"插入"→"媒体"→"视频"→"PC 上的视频",选择"背景介绍.mp4",
单击"插入"按钮,如图 12-29 所示。

(6)调整插入视频的大小,在"视频工具"→"格式"中展开其他视觉样式,选中"中
等"中的"中等复杂框架,渐变",如图 12-30 所示。

图 12-29   插入"背景介绍"视频

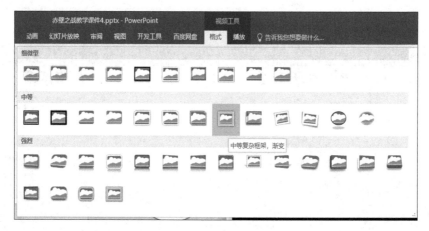

图 12-30   设置视频视觉样式

(7)选择"视频工具"→"播放",开始方式为"自动",淡化持续时间为淡入 5 秒,淡出 2 秒,如图 12-31 所示。

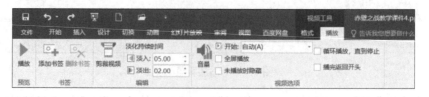

图 12-31   视频播放设置

(8)选中视频,单击"动画"→"添加动画",添加"进入"动画为"缩放",设置开始为"与上一动画同时",设置持续时间为 2 秒,如图 12-32 所示。

(9)打开"动画窗格",在"动画窗格"中用鼠标左键拖动缩放动画到播放的前面,设置播放延迟为 1 秒,完成视频的相关设置,如图 12-33 所示。

图 12-32　添加动画图

图 12-33　视频动画设置

教师点拨：设置视频的播放、暂停、停止时，可以在"动画窗格"中设置前后、开始方式、持续时间、延迟等效果。

12.2　Flash 文件的插入和设置

实训要求：完成"赤壁之战"幻灯片中 Flash 对象的插入。

方法指导：

（1）按照前面介绍的方法，完成在幻灯片中添加文字、图片、自选图形、背景样式等内容和格式的设置，并添加好动画效果和幻灯片切换，完成第 5～15 张幻灯片的制作，如图 12-34 所示。

插入 Flash

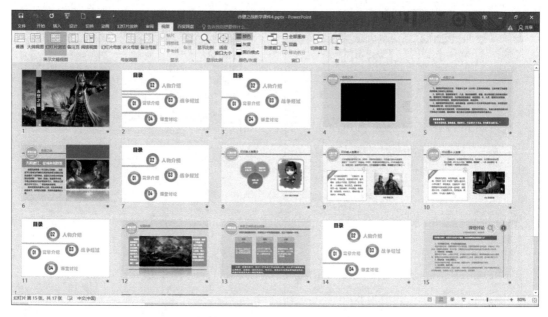

图 12-34 完成第 5～15 张幻灯片的制作

(2)添加第 4 张幻灯片，利用"插入"→"形状"中的圆形、矩形、线条等形状绘制背景效果，并填充对应颜色，如图 12-35 所示。

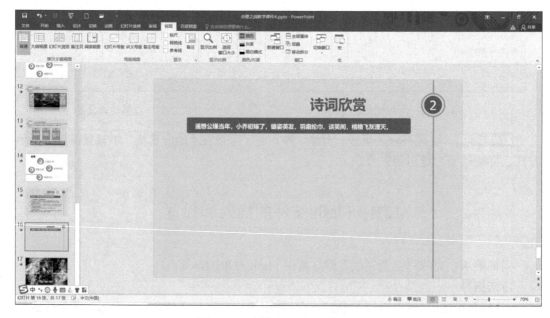

图 12-35 制作幻灯片背景效果

(3)选择"文件"选项卡中的"选项"，如图 12-36 所示。在出现的"PowerPoint 选项"对话框中单击"自定义功能区"，在"自定义功能区"→"主选项卡"下，选中"开发工具"复选框，如图 12-37 所示。

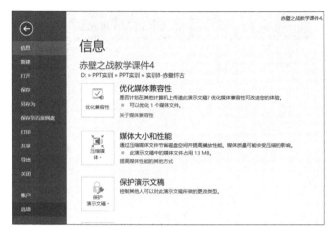

图 12-36　选择"选项"

图 12-37　选择"开发工具"

　　(4)打开"开发工具"选项卡，单击"控件"选项组中"其他控件"按钮 🛠，如图 12-38 所示。在"其他控件"对话框中选择"Shockwave Flash Object"选项，如图 12-39 所示。这时指针变成"十"字形，在标题位置上画出一个方框，这就是播放 Flash 的地方。在画出来的方框上右击，在弹出的快捷菜单中选择"属性"命令，在"属性"对话框中选择"Movie"，在它右边的框里输入 Flash 文件的完整路径，将"EmbedMovie"项中的"False"改为"True"，如图 12-40 所示。

图 12-38　"开发工具"选项卡

图 12-39　"其他控件"对话框

图 12-40　"属性"对话框

(5) 设置完成后关闭对话框，Flash 文件的添加就完成了，如图 12-41 所示。

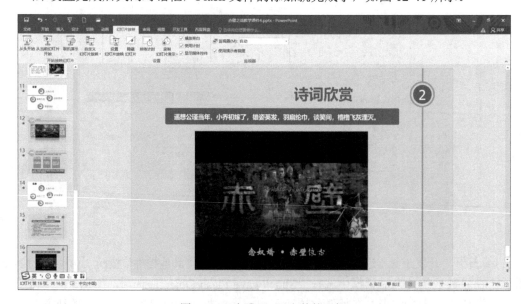

图 12-41　完成 Flash 文件的添加

教师点拨：添加 Flash 文件时，最好先把 PowerPoint 文件和要插入的 SWF 格式的 Flash 文件存放在一个文件夹中，这样在"属性"对话框中"Movie"一栏直接写 Flash 文件名即可。

12.3　触发器的设置

实训要求：完成"赤壁之战"幻灯片中结束页的制作。

方法指导：

（1）新建幻灯片，设置版式为"空白"，插入"尾页背景"图片，裁剪并调整图片大小为封面幻灯片大小，如图 12-42 所示。

设置触发器

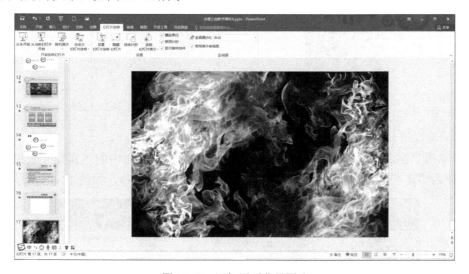

图 12-42　添加尾页背景图片

（2）插入图片"素材尾页 1"，调整合适的大小，添加图片样式为"映像棱台，白色"，如图 12-43 所示。

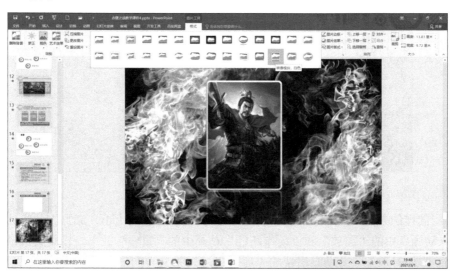

图 12-43　插入"素材尾页 1"并设置样式

(3) 单击"添加动画"按钮，给图片添加"进入"动画中的"缩放"效果，设置效果选项为"幻灯片中心"，开始为"与上一动画同时"，持续时间为 2 秒，如图 12-44 所示。

图 12-44　添加进入动画效果

(4) 单击"添加动画"按钮，给图片添加"动作路径"动画中的"直线"效果，设置效果选项为"靠左"，开始为"上一动画之后"，持续时间为 2 秒，如图 12-45 所示。

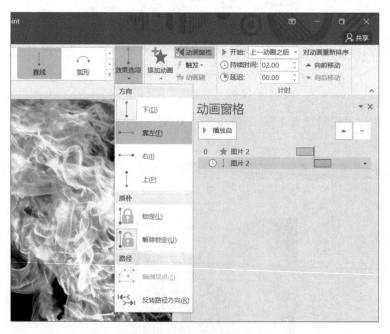

图 12-45　添加路径动画效果

(5) 用同样的方法，插入图片"素材尾页 2"，调整合适的大小，添加图片样式，并添加"进入动画"中的"缩放"和"动作路径"动画中的"直线"效果，设置直线动画的效果选项为"靠右"，并设置动画出现的先后顺序，如图 12-46 所示。

图 12-46　插入"素材尾页 2"并设置动画

(6)在幻灯片中插入艺术字,艺术字类型选择"填充-白色,轮廓-着色 2,清晰阴影-着色 2",如图 12-47 所示。输入文字"谢谢观赏",字体为微软雅黑,字号 72 磅。

(7)选择"形状"→"线条"→"直线",设置宽度为 12 磅,填充颜色为白色,效果为"发光-橙色",如图 12-48 和图 12-49 所示。

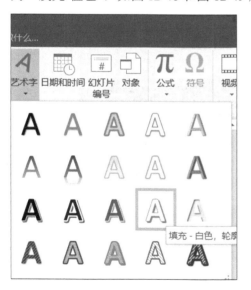

图 12-47　选择艺术字样式　　　图 12-48　设置线条颜色　　　图 12-49　设置线条效果

(8)给艺术字和线条都添加"进入"动画中的"随机线条"效果,持续时间为 5 秒,艺术字的开始方式为"上一动画之后",直线的开始方式为"与上一动画同时",如图 12-50 所示。

图 12-50　设置艺术字和线条动画

（9）在幻灯片中添加矩形按钮。选择"自选图形"→"矩形"，设置好大小和位置，填充颜色为橙色，对准形状右击，在快捷菜单中选择"编辑文字"命令，给矩形添加对应的文字"音乐开"，并复制两个矩形，分别修改复制矩形内的文字为"暂停"和"音乐关"，如图 12-51 所示。

图 12-51　添加矩形按钮效果

（10）单击"插入"→"媒体"→"音频"→"PC 上的音频"，选中素材文件"滚滚长江.mp3"，单击"插入"按钮，如图 12-52 所示。

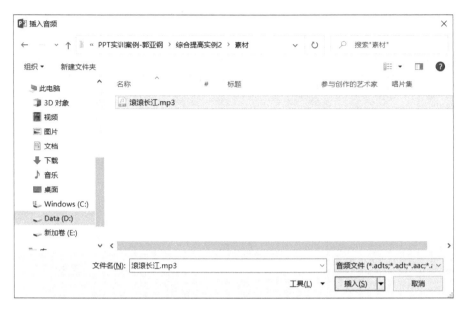

图 12-52　插入音频文件

（11）选中幻灯片中的音乐图标，单击"动画"选项卡下的"添加动画"，分别给音乐图标添加"媒体"动画窗格中的暂停和停止效果，如图 12-53 和图 12-54 所示。

图 12-53　"媒体"动画窗格

图 12-54　添加媒体动画效果

（12）双击"动画窗格"中的"播放动画"，在弹出的"播放音频"对话框中选择"计时"选项卡，设置触发器为"单击下列对象时启动效果"，并在下拉菜单中选中"矩形 15：音乐开"，如图 12-55 所示。

图 12-55　添加"音乐开"触发器

（13）双击"动画窗格"中的"暂停动画"，在弹出的"暂停音频"对话框中选择"计时"选项卡，设置触发器为"单击下列对象时启动效果"，并在下拉菜单中选中"矩形 19：暂停"，如图 12-56 所示。

（14）双击"动画窗格"中的"停止动画"，在弹出的"停止音频"对话框中选择"计时"选项卡，设置触发器为"单击下列对象时启动效果"，并在下拉菜单中选中"矩形 20：音乐关"，如图 12-57 所示。

图 12-56　添加"暂停"触发器

图 12-57　添加"音乐关"触发器

（15）给音乐图标设置为"放映时隐藏"，并调整直线线条层次顺序，把直线线条置于素材"尾页图片 1"和"尾页图片 2"的后层，最终效果如图 12-58 所示。

图 12-58　最终效果

教师点拨：PowerPoint 中的音频和视频文件都可以通过触发器来设置动画，文本框、艺术字、图片等对象都可以用于控制触发器，通过对其单击可控制多媒体对象的播放、暂停、关闭等动作。

参 考 文 献

杜诚，郭亚钢，郑海春，2014. 大学计算机基础实训教程: Windows 7+Office 2010[M]. 成都: 西南交通大学出版社.

朴恩珍，2013. 表达的艺术: PPT 完全自学教程[M]. 武传海，译. 北京: 人民邮电出版社.

邱银春，2019. PowerPoint 2016 从入门到精通[M]. 北京: 中国铁道出版社.

赛贝尔资讯，2017. Word/Excel/PPT 2016 高效办公从入门到精通[M]. 北京: 清华大学出版社.

唐琳，李少勇，2015. PowerPoint 2013 实用幻灯片制作案例课堂[M]. 北京: 清华大学出版社.

王建忠，2014. 大学计算机基础[M]. 3 版. 北京: 科学出版社.

王建忠，周雄，2014. 大学计算机基础实训指导[M]. 3 版. 北京: 科学出版社.

周庆麟，周奎奎，2019. 精进 Office：成为 Word/Excel/PPT 高手[M]. 北京: 北京大学出版社.

IT 教育研究工作室，2020. Word Excel PPT Office 2019 办公应用三合一[M]. 北京: 中国水利水电出版社.

@Bobbie_Lee（李金宝），2020. PPT 效率手册[M]. 北京: 人民邮电出版社.